# 迁移学习
## 在口语理解中的应用研究

李艳玲　葛凤培　著

吉林出版集团股份有限公司
全国百佳图书出版单位

**图书在版编目（CIP）数据**

迁移学习在口语理解中的应用研究 / 李艳玲，葛凤
培著. -- 长春：吉林出版集团股份有限公司，2023.12
ISBN 978-7-5731-4496-6

Ⅰ.①迁… Ⅱ.①李… ②葛… Ⅲ.①人-机对话-研
究 Ⅳ.①TP11

中国国家版本馆CIP数据核字（2023）第232939号

QIANYI XUEXI ZAI KOUYU LIJIE ZHONG DE YINGYONG YANJIU

**迁移学习在口语理解中的应用研究**

| | | |
|---|---|---|
| 著　　者 | 李艳玲　葛凤培 | |
| 责任编辑 | 杨　爽 | |
| 装帧设计 | 马静静 | |

| | |
|---|---|
| 出　　版 | 吉林出版集团股份有限公司 |
| 发　　行 | 吉林出版集团社科图书有限公司 |
| 地　　址 | 吉林省长春市南关区福祉大路5788号　邮编：130118 |
| 印　　刷 | 北京亚吉飞数码科技有限公司 |
| 电　　话 | 0431-81629711（总编办） |
| 抖 音 号 | 吉林出版集团社科图书有限公司　37009026326 |

| | |
|---|---|
| 开　　本 | 710 mm×1000 mm　1 / 16 |
| 印　　张 | 12.5 |
| 字　　数 | 198 千 |
| 版　　次 | 2024 年 5 月第 1 版 |
| 印　　次 | 2024 年 5 月第 1 次印刷 |

| | |
|---|---|
| 书　　号 | ISBN 978-7-5731-4496-6 |
| 定　　价 | 76.00 元 |

如有印装质量问题，请与市场营销中心联系调换。0431-81629729

本书是我从2017年开始指导硕士研究生开展的一些研究，主要是对人机对话中的口语理解（Spoken Language Understanding，SLU）进行研究。该模块主要从用户的话语中提取语义信息，即识别出用户的意图和句子中的语义槽概念。因此口语理解主要包括意图识别和语义槽填充两项任务，语义槽填充类似于命名实体识别任务或者关键语义概念识别任务，本书对这几个概念不作区分。

本书一共七章内容。第一章绪论，主要介绍人机对话系统的组成、口语理解任务的定义、意图识别和语义槽识别任务的定义以及两个任务的难点；第二章基础知识，主要介绍本书后续用到的一些概念和方法，便于读者深入理解后面各个章节的实战内容；第三章至第六章分别介绍意图识别、迁移学习在意图识别中的应用、迁移学习在命名实体识别中的应用、意图和语义槽联合识别，这四个部分都有具体的方法讲解，还有详细的实验过程描述。读者阅读之后，可以自行动手搭建相应的框架进行实验。第七章对全书进行总结和展望。

本书围绕意图识别和语义槽填充两项任务，详细介绍了其发展现状，并从实际出发，将意图识别任务拓展出了单意图和多意图两类识别，给出了具体的实验方案和实验结果。同时，针对开发新领域缺乏大量标记数据的问题，将迁移学习引入到意图识别和语义槽识别两项任务上，以期在源领域大量标记数据的基础上，对含有少量标记数据的目标域建模有所帮助。考虑到这两项任务在执行的过程中相互关联，口语理解的过程通常会将意图识别和语义槽填充联合建模，以共享参数和模型结构的方式提升两项任务的性能，因此，探究了几种联合识别的方法。

我们处于一个人工智能快速发展的时期，技术的更新换代令人目不暇接。尽管大模型技术已经占领了半壁江山，ChatGPT貌似无所不能，但是作为一名普通的科研人员，我还是愿意把本团队做的一些工作科普给对该领域感兴趣的读者们，希望对后续从事这方面研究的硕士生或博士生提供一定的帮助。

本书的整个撰写和整理过程分工如下：第一章至第四章由我负责，第五章至第七章由北京邮电大学的葛凤培老师负责。感谢已经毕业的研究生刘娇、侯丽仙、赵鹏飞、李猛、王堃为本书各章节提供资料；感谢在读研究生王星星、庞鑫、李晴、张亦菲、郭浩林对本书进行校对；感谢内蒙古师范大学计算机科学技术学院林民教授，他对本书的编排等方面提出了宝贵的建议。此外，非常感谢我的家人对我工作的大力支持。最后，由于个人能力有限，整理书稿的过程中难免有所疏漏，希望各位读者批评指正，不胜感激！

李艳玲

于呼和浩特·内蒙古师范大学

2023年6月21日

CONTENTS 目 录

# 第一章 绪论

## 第一节 人机对话系统概述

随着人工智能的不断发展，越来越多的人工智能产品被应用于生活学习中，如智能汽车、智能家居和智能教育系统等，在人机对话系统方面有智能问答系统、智能查询系统和智能对话服务系统等，无论是日常学习、生活还是娱乐，智能设备都常伴左右，为人们带来了许多便利。2012年，苹果公司发布一款名为Siri的私人手机助理，其支持自然语音输入，可以帮助用户拨打电话、查询天气以及制定日程安排等。2014年3月，Google推出了一款应用Google Now，同年4月Microsoft推出了Cortana，这两款语音助手与Siri有很多相似之处，区别在于它们可以为用户提供更加全面的实时信息搜索和个性化的服务。此类人机对话系统的发布，吸引了越来越多科研人员的关注。2022年11月，OpenAI发布了聊天机器人程序ChatGPT（Chat Generative Pre-trained Transformer），它能够通过理解和学习人类的语言进行对话，还能根据聊天的上下文进行互动，真正像人类一样聊天交流，甚至能完成撰写邮件、视频脚本、文案、翻译、代码等任务。

人机对话系统一般分为两类：开放领域的对话系统和任务驱动的对话系

统。开放领域的对话系统（即聊天系统）不限制用户的对话主题，目的是将聊天进行下去。而任务驱动的对话系统在于通过对话解决某个特定任务领域的问题。本书的研究聚焦在任务驱动的对话系统。

人机对话系统主要由语音识别（Automatic Speech Recognition，ASR）、口语理解（Spoken Language Understanding，SLU）、对话管理（Dialog Management，DM）、对话生成（Dialogue Generation，DG）以及语音合成（Text To Speech，TTS）组成。口语理解（SLU）是整个对话系统的重要组成部分，主要由领域分类（Domain Classification，DC）、意图识别（Intent Detection，ID）和语义槽填充（Slot Filling，SF）部分组成，语义槽填充也可以称为"实体识别"（Named Entity Recognition，NER），对话系统框图如图1-1所示。其中，领域分类主要分析用户意图所属领域，如音乐、电影和电视节目等，意图识别主要用于理解输入语句中用户话语行为，如查询音乐或预订电影票等，通过对领域意图识别的分析，再结合更加细粒度的意图识别和语义槽填充任务，共同完成口语理解任务。

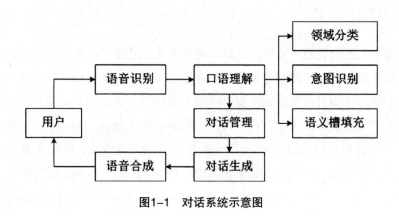

图1-1　对话系统示意图

# 第二节 研究问题

## 一、意图识别

### （一）任务定义

所谓意图，就是用户的意愿，即用户想要做什么。意图有时也被称为"对话行为"（Dialog Act），即用户在对话中共享的信息状态或上下文变化并不断更新的行为。意图一般以"动词+名词"命名，如查询天气、预订酒店等。意图识别又称为"意图分类"，即根据用户话语所涉及的领域和意图将其分类到预先定义好的意图类别中。

任务型垂直领域的意图文本具有主题鲜明、易于检索的特点，如查询机票、天气、酒店等。聊天类意图文本一般具有主题不明确、语义宽泛、语句简短等特点，注重在开放域上与人类进行交流。在对话系统中只有明确了用户的话题领域，才能正确分析用户的具体需求，否则会造成后面意图的错误识别。图1-2是口语理解中三个任务应用的实例图。当用户输入一个询问，首先需要明确用户输入的文本所属的话题领域为"火车票"还是"航班"，由于意图的类别比话题领域的粒度更细，因此需要根据用户的具体语义信息确定用户的意图是订票、退票还是查询时间，而语义槽的填充也有助于用户意图的判断。所以在人机对话系统的意图识别模块中，首先需要对用户话题领域进行识别，接着明确用户的具体意图需求，最终表示成语义框架的形式。意图识别的准确性直接关系到对话系统的性能，意图一旦被识别错误，整个对话流程都会出现错误，导致对话系统的性能下降。

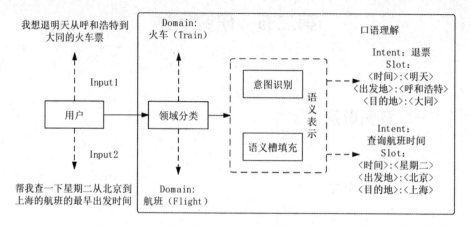

图1-2    意图识别实例图

## （二）难点

### 1.数据来源匮乏

随着人工智能技术的不断发展，许多大型互联网公司推出聊天机器人，由于用户体验性较低，大多数研究者难以获取到用户与机器人之间的聊天文本，导致用于研究的对话文本数量有限，多意图文本更加稀缺，这已经成为意图识别任务面临的重大问题。在实际的意图识别过程中，带标注的意图文本特别少，获取也十分困难，给意图识别的研究和发展带来了挑战。

### 2.用户表达的不规范性

在聊天系统中，用户的意图表达文本一般具有表达口语化、语句简短、内容宽泛等特点，这使得意图识别较为困难。例如，"我想找个吃饭的地方"，这种口语化的日常用语表达对应的意图是"找餐馆"，所以意图文本的口语化使得领域主题不明确，不利于用户意图的识别。例如，"我想找北京西站附近的汉庭"，虽然"汉庭"常常与"酒店"搭配出现，但是对于"汉庭"单独出现的这种意图表达方式，想要让机器识别出用户的话题领域为"酒店"，则是一项非常困难的任务。对于"我想订票"这种意图表达方式而言，订票有可能是订机票、订火车票、订汽车票等。由于用户的意图表达内容太笼统，导致机器不能及时向用户反馈结果，所以用户的不规范表达也是意图识别的一个难点。

### 3.意图的多样性

由于人与机器的频繁交互以及用户表达的随意性，意图文本可以分为无意图文本和有意图文本。其中，无意图文本一般具有主题不明确、检索困难等特点，如聊天类意图文本。有意图文本具有主题明确的特点，属于任务型对话的意图文本。随着人们对智能助理的依赖以及人机对话系统研究的深入，用户表达的意图往往不只含有一种，而是两种及以上。例如，"我想看完新闻再听音乐"，这句话中包含"看新闻"和"听音乐"两种意图，而"帮我打开微信并预订一张火车票再查一下北京的天气"这句话中包含"打开App""预订火车票""查询天气"三种意图。如何让机器同时理解用户意图文本中的两种或两种以上的意图是意图识别的另一个难题。因此本书针对意图识别任务存在的难点，开展多意图识别和基于迁移学习的意图识别研究。

多意图识别类似于多标签（Multi-label，ML）分类，但又有不同，多标签分类通常处理长文本，而多意图识别主要针对短文本进行处理。如何在较短的文本中识别出用户的多种意图则是意图识别的又一个难点。在多意图识别过程中，首先需要分析用户意图文本是否包含多种意图，如果用户意图文本包含多种意图，如何准确识别用户的多种意图是值得我们思考的问题。目前大部分学者对单个意图识别的研究较多，而对多种意图识别的研究较少，还处于探索阶段。

构建基于深度学习的意图分类模型往往需要巨大的训练数据作为支撑，而随着对话系统需求的逐渐增加，且新领域对话系统训练语料相对较少，获取大量具有相同分布的数据是非常困难且耗费财力的。迁移学习是解决上述问题的一个有效途径，其能够将源域的知识和信息最大化迁移到目标域中，解决目标域数据稀缺的问题，构建出用于解决目标域问题的模型。近年来，迁移学习的应用方向正从传统领域向实际领域转变，如医学、物理等，这也是人们对迁移学习研究所重视的原因之一。迁移学习的研究方法不需要大量的数据作为支撑，所构建的模型却可以获得良好的性能。因此，利用迁移学习构建新领域人机对话系统模型的工作具有十分重要的意义。

# 二、语义槽填充

## （一）任务定义

语义槽填充任务类似于命名实体识别。命名实体识别旨在自动检测文本中的实体并将其分类为预定义的类型，如人名、地名、组织机构名等，是文本挖掘、机器翻译、关系抽取等的上游任务。命名实体识别属于序列标注任务，在输入文本后，对特定命名实体信息进行识别，帮助机器达到理解句子的目的。语义槽的类型需要根据任务进行个性化定义，虽然类型不一定和命名实体的类型一致，但是所使用的方法和命名实体识别类似。因为本书主要讨论语义槽填充的方法问题，命名实体识别的方法几乎都适用于语义槽填充任务，所以本书对这两个概念不作区分。

## （二）难点

随着互联网的发展以及大数据时代的到来，文本数据呈爆发式增长。命名实体识别需要面对越来越多的领域以及更加细粒度的实体类型，同时人类对人机对话系统的需求越来越多，要求也越来越高，所以命名实体识别的重要性越发凸显。与意图识别任务类似，面对如此海量的文本数据，在深度学习的框架下需要大量的标注数据训练模型。但是通常情况下，尤其在面向任务型的人机对话系统开发的过程中，标注的数据在系统开发初期非常稀缺，而进行人工标注数据又费时费力，尤其对于个人、小团队、小公司没有足够的资金投入其中。所以如何在标注数据不足的情况下训练得到一个性能不错的模型，是目前急需解决的问题。

因此，本书在数据量不足的命名实体识别任务中引入迁移学习。迁移学习策略利用某一领域现有的大量标注数据以及预训练模型，帮助另外一个新的目标领域完成模型构建，以达到降低目标域模型对标注数据量的需求。

## 【小结】

本章介绍了当前热门的人机对话系统的概况，然后引出了人机对话系统的一个重要组成部分——口语理解模块。本书重点研究口语理解模块的两个子任务——意图识别和语义槽填充，并对两个任务存在的难点进行阐述。本书主要研究两项任务的深度学习建模方法，并在此基础上引入迁移学习以期能够解决新领域标注数据匮乏的问题。

迁移学习是近些年人工智能领域的研究热点，也是对未来发展非常重要的技术之一。迁移学习虽然目前已经有学者在进行研究，但仍处于探索阶段，许多理论还不完善，尤其将其应用到中文口语理解的研究更是少之又少。

# 第二章　基础知识

## 第一节　词向量

　　本节主要介绍词向量的发展历程，从原始的静态词向量如何发展变化到动态词向量，两者各有哪些优缺点等进行描述。静态词向量学习到的是上下文独立的向量表示，不根据上下文的变化而变化，无法根据不同语境表征语义的歧义性（ambiguity），而且静态词向量往往采用浅层神经网络进行训练，在应用于下游任务时，整个模型的其他部分仍需要从头开始学习。动态词向量是指能够根据上下文语境动态调整的词向量，在一定程度上解决了语义的歧义性。

### 一、静态词向量

　　静态词向量一般可以分为两种形式，分别是独热编码（One-hot encoding）形式和分布式词表示（Distributed word representation）形式。Onehot把每个词表示为一个同词表大小等长的向量，只有代表当前词的这一维度值为1，其他维度均为0。这种简单的表示方法会为高维度的词向量造成维度灾难问题，进而导致模型训练难度增加，而且任意两个词之间的距离均为1，无法表示词之间的相似性。分布式词向量将词表示为一个维数可以提前确定的定长连续稠密向量，其中每个元素的具体数值是模型训练的结果。这种方式不仅克服了One-hot词向量的维度灾难问题，而且充分利用了空间，还可以通过计算两个词之间的距离来表示词之间的相似性，而且词向量中的每一维度都有特定的含义，包含了更多信息。

词的分布式表示又可以划分为基于矩阵的分布式表示、基于聚类的分布式表示和基于神经网络的分布式表示三种。其中，基于神经网络的分布式表示是基于分布假说提出的，即上下文相似的词其语义也相似。2001年，约书亚·本吉奥（Yoshua Bengio）等人提出神经网络语言模型（Neural Network Language Model，NNLM），该模型在学习语言模型的同时也得到了词向量。2013年提出的Word2Vec模型包含了两种类型：连续词袋（Continuous Bag-of-Words，CBOW）模型和跳字（Skip-gram）模型。

Word2Vec两种训练方式的结构如图2-1所示，模型由三层神经网络构成。CBOW模型的思想是根据上下文预测当前词，在训练时先将语料中单词进行One-hot编码转化为向量，再将窗口内的上下文词构成的n维One-hot向量表示作为模型的输入层，映射到一个n×k维的隐藏层，多次训练并不断优化残差函数，最后经过Softmax层得到One-hot编码的当前词。Skip-gram与CBOW相反，通过中间词预测上下文，输入中间词构成的One-hot向量，经过隐藏层的变换输出上下文单词的向量表示。

在序列标注任务中，Word2Vec不仅在局部语料库上进行训练，而且基于滑窗提取特征，因此在对文本进行词向量表示时，不能充分利用实体之间的上下文信息，有可能会丢失实体与实体间的关系，进而可能会导致某些时刻上下文相同时，相同的实体标签却不一致的情况。为了解决上述问题，基于全局语料滑窗的GloVe模型被提出，它通过使用词共现矩阵能够学习到更广泛的共现概率，并将每个单词表示为由一组实数组成的向量，能够充分利用全局信息，从而捕获到单词之间的相似性等语义特性，进而有效提升标注性能。此外，GloVe相较于Word2Vec更容易并行化计算、训练速度更快，但使用全局信息建模的方法会导致内存开销较高的问题。

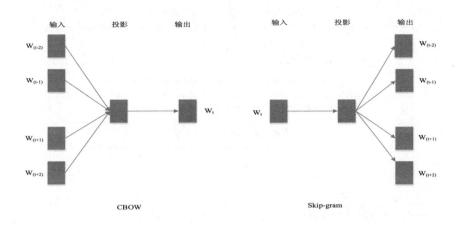

**图2-1 CBOW和Skip-gram模型图**

　　静态词向量技术虽然可以表征语义，然而在面对如表2-1示例的多义词时，却不能很好地解决语义歧义问题。对于这种因为自然语言的歧义性而产生的一词多义现象可以通过基于规则、基于词典、基于语料库和基于神经网络等方法进行词义消歧。基于规则的消歧方法严重依赖语言专家的语言知识，有很大的主观性，而且可移植性较差。基于词典的词义消歧方法需要先计算语义词典中各个词义的定义与上下文之间的覆盖度，然后选择覆盖度最大值对应的词义消除歧义，但由于词典中词义的定义比较简洁，通常得到的覆盖度为零，存在着严重的数据稀疏问题，而且缺乏可扩展性和灵活性。基于语料库的消歧方法又分为有监督的方法和半监督或无监督的方法。前者在人工标注词义的训练语料上利用机器学习算法建立消歧模型，如决策树、K近邻算法、朴素贝叶斯等模型。这种方法性能较好，但需要大量高质量的人工标注语料，如果语料库规模较小，很容易造成数据稀疏的问题，不仅费时费力，而且词义标注者之间也很难达到较高的标注一致性。后者仅需要少量或不需要人工标注语料就可以进行词义消歧，如上下文聚类、词语聚类、共现图聚类等方法，但这种方法依赖于该语料上的句法分析结果，而且待消解词的覆盖度可能会受影响。目前比较主流的方法是基于神经网络的词义消歧方法，主要思想是根据目标词的上下文信息进行词义消歧。

表2-1　一词多义中英文示例

| | |
|---|---|
| 英文 | I'd like to **book** a movie ticket.（预订） |
| | They want to borrow a **book** from the library.（书本） |
| 中文 | **苹果**公司是美国一家高科技公司。（公司） |
| | 一天一**苹果**，医生远离我。（水果） |

## 二、动态词向量

动态词向量可以根据不同语境对词向量进行动态调整以解决一词多义的问题。其主要思想是先预训练深度神经网络作为语言模型，再根据下游任务对词向量动态调整以表征符合当前上下文语境的语义信息，预训练语言模型的发展流程如图2-2所示。

图2-2　预训练语言模型的发展流程

预训练先在大规模数据集（可与最终任务无关）上训练出知识表示，使模型具有准确提取语句特征、理解语言信息的能力，再将学习到的知识表示根据特定的任务利用标注好的领域数据进行训练，最后应用于下游任务。该模型不仅效率高而且易用性强。

在得到预训练模型后，通常有两种方法将模型应用到下游任务中：一种是基于特征的（feature-based）的方法，如ELMo（Embedding from Language Models）等模型，一种是基于精调的方法，如OpenAI GPT（Generative Pre-trained Transformer）、BERT（Bidirectional Encoder Representation from Transformers）等模型。

基于特征的方法是利用预训练好的模型提取文本特征得到句子中每个词的词嵌入表示，然后在目标任务中将词嵌入表示作为额外特征拼接到传统特征上，通过额外补充特征的方法可以有效提升模型效果。

基于精调的方法是在预训练模型的基础上利用少量标注数据对模型参数进行调整，使得垂域模型能够适应特定的下游任务，如图2-3所示。在该模式中，预训练模型还为下游任务提供了更好的初始化参数，使得模型在目标任务上具有更好的泛化性能和更快的收敛速度，也不会出现因为标注数据量少而产生过拟合问题，进而使得微调之后的模型在小规模语料库上的表现也较好。

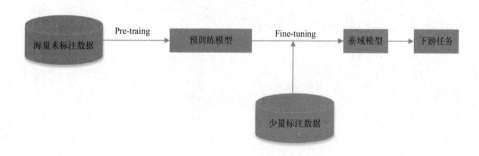

图2-3　预训练+精调流程

彼得（Peter）等人提出的ELMo模型分两个阶段：第一阶段采用双层双向长短时记忆网络（Bidirectional Long Short-Term Memory，BiLSTM）模型进行预训练，第二阶段是在处理下游任务时将预训练模型中提取出的词向量作为新特征添加到下游任务中。ELMo的训练目标函数如公式（2-1）所示，其中N表示训练样本数，图2-4为其模型图。但基于BiLSTM建模的ELMo模型提取特征的能力弱于Transformer模型，而且采取双向拼接这种融合特征方式的能力比BERT模型一体化的融合特征方式弱。

$$L = \sum_{k=1}^{N} \log p(t_k \mid t_1, t_2, ..., t_{k-1}) + \log p(t_k \mid t_{k+1}, t_{k+2}, ..., t_N) \qquad (2-1)$$

为了更好地捕获长距离的语义依赖信息，OpenAI GPT使用Transformer模型的解码器代替了ELMo中的BiLSTM模型，模型图如图2-5所示。GPT预训练的最终结果不仅仅是词向量，而且还能表示整个句子，但GPT是一个单向语言模型，仅捕获了文本的上文信息。

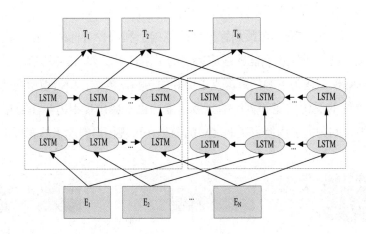

图2-4　ELMo模型图

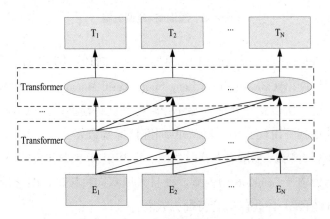

图2-5　GPT模型图

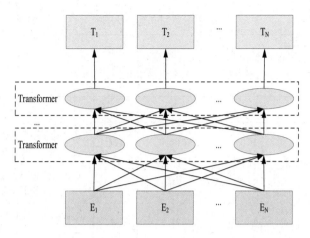

图2-6 BERT模型图

　　BERT模型为了对文本进行双向建模，摒弃了长短时记忆（Long Short-Term Memory，LSTM）网络、循环神经网络（Recurrent Neural Network, RNN）等序列模型，采用Transformer模型的编码器结构建模，不但大大减少了训练时间，而且有效提升了模型性能，模型图如图2-6所示。

　　BERT模型的输入是文本中各个字或词的随机初始化原始词向量，或者是利用Word2Vec等算法得到的初始值，输出是文本中各个字或词融合了全文语义信息后的向量表示。

　　BERT模型通过掩蔽语言模型和下一句预测（Next Sentence Prediction，NSP）两个预训练任务进行联合训练，学习句内和句间关系以分别捕获词级和句子级表示。词级任务就是类似于"完形填空"一样的单词预测任务。BERT模型不同于传统语言模型对每个词项进行预测，而是通过学习每个词与其他所有词的关系以及其间的词序信息来预测被随机遮挡的词项，增强了模型的鲁棒性。句子级任务主要用于预测输入的两条语句是否为上下句的关系。BERT模型基于Transformer编码器建模可以忽略距离对全局信息编码，进而捕获到输入语句的全部特征，直接获得整个句子的向量表示。而基于BiLSTM建模的ELMo模型在训练完成后迁移到下游NLP任务时，需要对每一层求加权和得到句子级全局信息。表2-2列举了各词向量之间的对比情况。

表2-2　词向量对比表

| 模型 | 获取长距离语义信息程度 | 能否捕获上下文信息 | 能否并行处理 | 特点 |
|---|---|---|---|---|
| Word2Vec | 1 | 能 | 能 | 不能处理变长序列 |
| ELMo | 2 | 能 | 不能 | 适合处理序列位置信息，但不能处理长距离依赖 |
| GPT | 3 | 不能 | 能 | 可以解决长距离依赖，但只捕获上文信息 |
| BERT | 3 | 能 | 能 | 双向捕获长距离依赖，解决语义歧义 |

词向量的优劣直接影响到实验模型的性能，在中文预训练词向量中，胡可奇引入汉字内部结构的语义信息，并将汉字的部首部分替换为与其对应的汉字，使得词向量能够更好地识别语义相近的词语，增强了词语的解释性。

# 第二节　注意力机制

在文本处理领域捕获上下文依赖关系方面，采用编码器—解码器结构（图2-7）的方法中，通常先用卷积神经网络（Convolutional Neural Networks, CNN）、RNN、BiRNN、门控循环单元（Gated Recurrent Unit，GRU）、LSTM等模型对输入序列 $X = (x_1, x_2, ..., x_n)$ 进行学习，编码器将输入序列编码为固定长度的隐向量表示，通过非线性变换转化为中间语义表示C，见公式（2-2）：

$$C = F(x_1, x_2, ..., x_n) \qquad (2-2)$$

然后再用CNN、RNN、BiRNN、GRU、LSTM等模型读取隐向量，解码器根据输入序列的中间语义表示C和之前已生成的历史信息生成目标信息，解码为输出序列 $y_i$，见公式（2-3）：

$$y_i = G(C, y_1, y_2, ..., y_{i-1}) \qquad （2-3）$$

每个 $y_i$ 依次产生，最终整个系统根据输入句子 $X = (x_\square, x , ..., x )$ 生成目标句子 $Y = (y_1, y_2, ..., y_m)$。这种模式虽然可以捕获上下文依赖关系，但不论输入语句的长短都将被编码为一个固定长度的隐向量表示，限制了输入序列的长度，而且语义信息在编码和解码过程中还可能随着长距离的传递导致信息丢失。

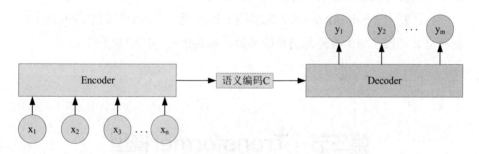

图2-7 文本处理领域中的Encoder-Decoder框架

注意力机制忽略序列中依赖词项的距离信息对输入语句分配不同权重以实现对全局依赖关系聚焦式建模，可以有效解决RNN、LSTM产生的梯度消失或梯度爆炸问题。

在加入了注意力机制的Encoder-Decoder框架中（图2-8），目标句子中的每个单词都包含了其对应的源语句子中单词的注意力分配概率信息，在生成每个单词 $y_i$ 的时候，原来都是相同的中间语义表示C会被替换成根据当前生成单词而不断变化的 $c_i$。

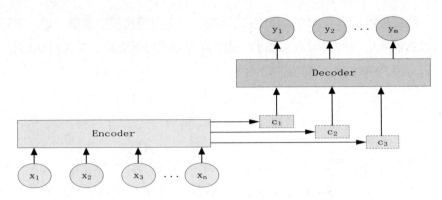

图2-8    引入注意力机制的Encoder-Decoder框架

注意力机制对当前目标任务更关键的部分赋予更高的权重,使有限的信息处理资源分配给重要的部分,提高任务的执行效率。

自注意力(Self-Attention)机制用于捕获同一语句中单词之间的句法特征和语义特征,减少对外部信息的依赖,捕获语句内部的相关性。

# 第三节    Transformer模型

RNN、LSTM是迭代结构,这种顺序计算的机制存在两个问题:第一,序列结构的模型限制了模型的并行处理能力,t时刻的计算依赖t-1时刻的计算结果;第二,顺序计算的过程中可能产生梯度消失或梯度爆炸的问题。CNN是分层结构,其最大的优点是易于做并行计算,但是CNN通过卷积核只能对局部位置的信息建立短距离依赖,而无法一次性捕获全局信息。

基于注意力机制建模的Transformer模型对上述问题进行了改进,忽略距离为不同的信息分配不同的注意力权重,使得源序列和目标序列的编码信息蕴含了更加丰富的长距离信息,而且Transformer模型并行计算的能力大幅度提升,符合现有的GPU框架,所以Transformer模型是目前优于RNN、LSTM

和CNN的特征提取器。Transformer模型采用编码器—解码器架构，架构如图2-9所示。

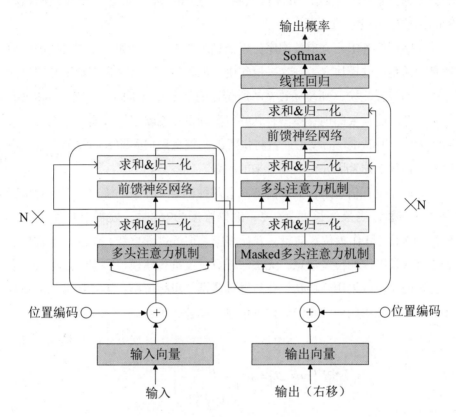

图2-9 Transformer架构图

在Transformer模型中，编码器共四层，第一层是多头注意力层，为模型分配多组不同的注意力权重以扩展模型关注不同位置的能力，从而捕获更加丰富的语义特征信息；第二层是求和并归一化层，求和即将模块的输入与输出相加后作为最终输出的残差连接（Residual Connection）操作，目的是将前一层信息误差传递到下一层以解决深度神经网络中梯度消失或梯度爆炸的问题，然后对其进行归一化处理，加速模型训练过程，使得模型快速收敛；第三层是前馈神经网络层（Feedforward Neural Network，FNN）；第四层再经过一个求和并归一化层，最后将生成的中间语义编码向量传递到解码器。解码器共六层，和编码器结构类似，但第一层是带MASK操作的多头注意力层，因为在输出时，t时刻无法获取t+1时刻的信息，所以解码器的输出需要右移并遮挡住后续词项进行预测，最后解码器再经过一个线性回归和Softmax层输出最终的结果。

在序列任务中，文本的词序位置信息至关重要。例如，在"自然语言理解是对话系统的模块之一"这一语句中，如果将"自然语言理解"和"对话系统"的位置互换，则会导致文本所传递的信息完全不同。但Transformer类似于一个功能强大的词袋模型，其并行处理操作忽略了输入语句中的词序信息。为此，Transformer模型通过将位置编码信息添加到输入向量的方式，可以一定程度上弥补因并行处理带来的问题。

对词序位置信息进行编码的方式有两种，第一种是训练出一个绝对位置向量。例如，当最大长度为512、编码维度为768时，就需要初始化一个512×768的矩阵作为位置向量，并让其随着训练过程更新，但这种方式只能表征有限长度内的位置信息，无法对任意长度进行建模，对于超过最大长度的位置向量可以采用随机初始化后继续微调的思想解决；第二种是先借助有界的周期性三角函数编码绝对位置信息，如公式（2-4）、（2-5）所示：

$$PE(pos, 2i) = sin\left(\frac{pos}{1000^{\frac{2i}{d_{model}}}}\right) \tag{2-4}$$

$$PE(pos, 2i+1) = cos\left(\frac{pos}{1000^{\frac{2i}{d_{model}}}}\right) \tag{2-5}$$

其中，$PE(pos, 2i)$和$PE(pos, 2i+1)$分别表示$pos$位置的编码向量的第$2i$和$2i+1$个分量，$pos$的取值是0到句子的最大长度，$i$表示词向量的某一维度，$d_{model}$表示词向量维度。此外，每个单词的位置编码仅与词向量维度和当前词的位置有关。

在得到绝对位置信息后，再依据三角函数公式（2-6）、（2-7）的两个性质通过线性变换可以得到后续词语相对当前词语的位置关系。

$$\sin(pos+k)=\sin pos \cos k + \cos pos \sin k \qquad (2-6)$$

$$\cos(pos+k)=\cos pos \cos k - \sin pos \sin k \qquad (2-7)$$

相对位置信息可表示为公式（2-8）、（2-9）：

$$PE(pos+k,2i)=PE(pos,2i) \times PE(k,2i+1)+PE(pos,2i+1) \times PE(k,2i) \qquad (2-8)$$

$$PE(pos+k,2i+1)=PE(pos,2i+1) \times PE(k,2i+1)-PE(pos,2i) \times PE(k,2i) \qquad (2-9)$$

其中，$pos+k$ 位置的位置向量可由 $pos$ 位置与 $k$ 位置的位置向量线性组合得到。这种位置编码方式不仅蕴含了相对位置信息，并且值域在一定数值区间内，具有周期不变性，同时增强了泛化能力，而且三角函数不受序列长度的限制，可以对任意长度进行建模，但这种类似于点积计算的方法只能反映相对位置关系，缺乏方向性。

虽然通过以上两种方式捕获的位置编码信息能在一定程度上缓解由于并行处理引发的局限性，但并不能从本质上解决问题。

在得到相应的位置编码后，再和词向量组合起来一同作为模型的输入，并被传递到后续所有复杂变换的序列中。此外，位置向量和词向量组合的方式有两种，一种是将位置向量和词向量拼接成一个新向量，另一种是使两者维度相同然后相加得到新向量。

# 第四节  BERT模型

当前语言模型大多都存在只考虑单个方向依赖关系的局限，没有充分利用双向特征信息，BERT模型针对此问题进行改进，采用Transformer编码器捕获文本的双向语义特征信息，不但大大减少了训练时间，同时有效提升了模型性能。此外，BERT模型以字为单位建模，在一定程度上能够解决未登录词的难题。而且，BERT模型在精调时可以基于少量监督样本学习，针对不同下游任务精调模型。

BERT模型的遮蔽语言模型（Masked Language Model，MLM）和下一句预测（Next Sentence Prediction，NSP）两个预训练任务分别用于捕获词级和句子级语义信息。MLM基于去噪自编码器（Denoising Auto-Encoder，DAE）的原理进行设计，即先引入噪声数据再利用含噪声的样本获得无噪声的真实数据，从而实现双向捕获上下文信息，克服单向性局限的问题。在MLM任务中，随机选取15%的词项用[MASK]标签来代替，再去预测被代替的当前词。在NSP任务中，主要任务是判断两个输入句子是否为训练语料库中的连续语句，其中，第二个句子为第一个句子正确的承接句子和从其他语料随机选择的句子的概率各为50%，NSP任务可以让模型学习两个输入句子之间的关系，可以提升诸如问答任务这样对句间关系敏感的下游任务的性能。

每一个词的位置和词与词之间的相对位置关系决定着一个语句的含义，而基于注意力机制建模的BERT模型忽略了序列中的位置信息，所以BERT模型在输入时通过加入位置向量（Position Embeddings）的方法表示当前词所处的位置。此外，BERT模型还在开头和结尾分别加入[CLS]和[SEP]特殊标签，并在两个句子之间加入[SEP]标签分隔两个句子，如图2-10所示。BERT模型的最终输入由词向量（Token Embeddings）、句向量（Segment Embeddings）和位置向量的三者叠加构成。

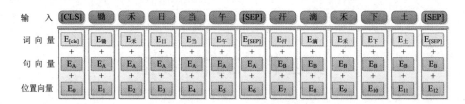

图2-10　BERT模型的输入图示

在图2-10中，对于输入文本中两个"禾"的表示可以分别记为公式（2-10）、（2-11）：

$$T_禾 = E_禾 + E_A + E_2 \quad\quad （2-10）$$

$$T_禾 = E_禾 + E_B + E_9 \quad\quad （2-11）$$

其中，$E_禾$均表示BERT模型通过在大规模语料库上的预训练得到的包含丰富语义信息的字向量表示，$E_A$和$E_B$分别表示"禾"字位于整个输入句子对中的A句和B句，$E_2$和$E_9$分别表示"禾"字位于句子的第3个位置和第10个位置。

综上可以看出，两个句子中的"禾"虽然是同一个字，但在具体语境中使用时，对不同位置"禾"的表示中，只有$E_禾$代表的含义一样，即$E_禾$包含了在大规模语料库上预训练得到的丰富语义信息的综合特征向量。当在下游任务的精调过程中，每个"禾"字拥有了具体语境，所以通过这三种向量叠加能够根据具体的上下文动态调整语义信息，得到了不同的表示结果$T_禾$，此时$T_禾$的语义信息会更加符合下游任务模型中的具体语境。因此，对于存在语义歧义的字或词来说，BERT模型的这种模式不仅使得词向量包含了更加丰富的语义信息，而且解决了语义歧义的问题，所以BERT模型相较于Word2Vec训练出的词向量会在一定程度上提高模型的起点。

王楠禔对BERT模型进行了改进，使得模型可以忽略掉绝对位置信息而保留更重要的相对位置信息。其主要方法是为BERT模型中新增加一个乱序判断的预训练任务，让模型判断被随机打乱词序的语句是否合理。这种方式使得模型对于语序更加敏感，不仅增强了模型对词序位置信息的捕获能力，而且强化了模型对单个句子的建模能力。

BERT模型分为预训练和精调两个阶段，在预训练阶段用于随机遮挡词项的[MASK]标记在精调阶段不会出现，使得预训练和精调两个阶段不统一，这种操作不利于学习，而且还会影响模型的性能。

此外，以字为单位进行建模的BERT模型对于每个词项的预测是相互独立的，因为在模型的预训练阶段，模型随机选取15%的词项进行标记，使得模型很难学习到知识单元的完整语义表示。但在实际应用中，如对于"兰亭序"这样的实体词，每个字之间都是有关联关系的，但BERT模型只学习语言相关的信息，忽略了实体内部的关联关系，没有将知识信息整合到语言理解中。

BERT模型以字为单位进行随机掩码，没有考虑实体内部关联关系，并较少利用语义知识单元。针对该问题，清华大学和华为公司联合提出了一个引入知识图谱增强预训练模型语义表达能力的ERNIE（Enhanced Language Representation with Informative Entities，ERNIE）模型。该模型在BERT模型学习局部语义表示的基础上增加了实体对齐任务，并通过在训练时引入百科类、新闻资讯类、论坛对话类等多源数据语料的方式使得模型能够更好地学习到海量文本中蕴含的潜在知识和语义表示。

ERNIE模型直接学习语义知识单元和命名实体信息，将在知识图谱中预训练的实体嵌入与文本中相应的实体结合，并依次对单词级别、短语级别、实体级别进行掩蔽训练，实体信息与外部知识的结合增强了语言表征能力，提供了丰富的结构化事实性知识，增强了模型的语义表示能力，BERT和ERNIE模型掩码机制对比如图2-11所示。加入事实性知识的ERNIE模型相较于独立预测词项的BERT模型，不仅能够聚合上下文和事实性知识信息，而且可以同时预测词项和实体信息，从而得到一种具有知识化的语言表示模型。

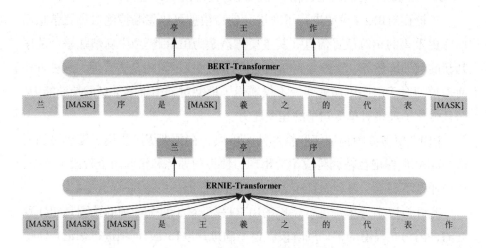

图2-11　BERT和ERNIE模型掩码机制

从图2-11可以看出,当输入"兰亭序是王羲之的代表作"这一语句时,BERT模型随机选取了"亭""王""作"三个字进行掩码,没有考虑"兰亭序"和"王羲之"两个实体的内部关系,而ERNIE模型建模了海量的实体关系,引入实体知识作为补充,对"兰亭序"这个实体词整体进行掩码,不仅承载了丰富的语义信息而且具有更强的泛化能力。

# 第五节　条件随机场

条件随机场模型是一种遵循马尔可夫性的概率图模型,其主要思想是,当给定一组输入变量时,条件随机场模型通过加入特征观察值的方法对输出变量的条件概率分布进行建模,并利用所有特征进行全局归一化处理,而不是仅针对每一个节点进行归一化,因此可以求得全局最优解。图2-12为CRF的概率图模型。

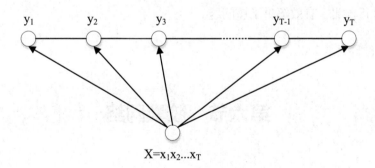

图2-12　CRF概率图模型

其中,T为句子长度,$X=\{x_1,x_2,...,x_T\}$为观测序列,$Y=\{y_1,y_2,...,y_T\}$为相应的标注序列,条件随机场模型以观察序列X为全局条件,通过训练样本直接推理$p(y \mid x)$,对整个序列进行优化,则对于观测序列X,其对应的标记序列Y的条件概率如公式（2-12）、（2-13）：

$$p(y \mid x) = \frac{1}{Z(x)} \exp(\sum_{i,j} \lambda_j t_j(y_{i-1}, y_i, x, i) + \sum_{i,l} \mu_l s_l(y_i, x, i)) \qquad （2-12）$$

$$Z(x) = \sum_y \exp(\sum_{i,j} \lambda_j t_j(y_{i-1}, y_i, x, i) + \sum_{i,l} \mu_l s_l(y_i, x, i)) \qquad （2-13）$$

其中，$Z(x)$是归一化因子，$t_j$和$s_l$表示两种特征函数，对应的权重分别为$\lambda_j$和$\mu_l$，j和l为特征函数的个数。$t_j$和$s_l$可以取0或1两个值，以$t_j$为例，公式为（2-14）：

$$t_j(y_{i-1}, y_i, x, i) = \begin{cases} 1, y_{i-1}, y_i, x的取值符合条件; \\ 0, 其他 \end{cases} \qquad （2-14）$$

对于像词性标注、命名实体识别等序列标注任务，由于其输出具有独立性的特点，所以不能充分考虑相邻标签之间的依赖关系，限制了特征的选择，存在较大的局限性，而这种被忽略的依赖特征关系对于序列标注任务是至关重要的。条件随机场模型根据已经观察到的特征序列为全局条件对未知变量进行预测，有效解决了该问题。

# 第六节　胶囊网络

"胶囊"的概念最初由辛顿（Hinton）等人提出，是一种基于卷积神经网络的改进模型，称之为"胶囊网络"（Capsule Network，CapsNet），用以解决CNN和RNN的表征局限性。一个胶囊包含一组神经元的向量表示，向量的方向表示实体属性，向量的长度表示实体存在的概率。萨布尔（Sabour）等人在2017年提出胶囊网络，将CNN的标量输出特征检测器用矢量输出胶囊代替，并且通过协议路由（protocol routing）代替最大池化（max-pooling）。相比于原来的CNN，胶囊网络会通过动态路由过程保留特征之间的准确位置关系。

胶囊网络是一种新的深度神经网络，它主要是对卷积神经网络的特征提取过程以及池化操作进行改进，实现对文本特征的深层次获取。胶囊网络用矢量输出代替CNN的标量输出检测器。为了避免池化层丢失，出现概率较小但关键的语义特征，胶囊网络利用动态路由将下层胶囊特征动态地分配到上层胶囊特征中，保留了句子中的全部属性特征。胶囊网络可以很好地将下层语义特征进行融合从而完成下游任务。

胶囊网络的处理主要分为两个阶段，即仿射变换（矩阵变换）和动态路由，仿射变换主要针对胶囊向量，借助神经网络中的线性组合对预测向量进行计算，而动态路由主要是解决低层胶囊连接高层胶囊所需权重大小的问题。

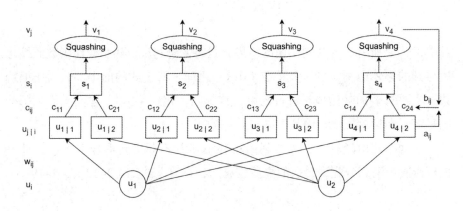

图2-13 胶囊层级间的结构图

如图2-13所示，这是低层胶囊连接到高层胶囊之间的结构图，胶囊层之间的计算如公式（2-15）：

$$u_{j|i} = w_{ij}u_i \qquad (2-15)$$

$$s_j = \sum_i c_{ij} u_{j|i} \qquad\qquad （2\text{-}16）$$

其中，$u_i$ 表示低层胶囊，$w_{ij}$ 表示胶囊所对应的权重矩阵，$u_{j|i}$ 表示由低层胶囊输入高层胶囊的预测向量，$s_j$ 表示胶囊的输出，也就是预测向量与耦合系数的加权求和。$c_{ij}$ 为低层胶囊连接高层胶囊的概率值，由动态路由计算得出，也称为动态路由的耦合系数，这些耦合系数的和为1，通过更新 $c_{ij}$ 从而更新胶囊输出值 $s_j$。

常用的非线性激活函数有ReLU、sigmoid、tanh等，它们都用于提高模型的表达能力，并且在神经网络的加权求和之后将值的范围压缩到（0~1）或（-1~1）之间的函数。而在胶囊网络中，低层胶囊到高层胶囊的变换都以向量的形式进行传递，所以需要对胶囊的方向进行处理，即采用非线性激活函数Squash，表达式如（2-17）：

$$v_j = \frac{\|s_j\|^2}{1+\|s_j\|^2} \cdot \frac{s_j}{\|s_j\|} \qquad\qquad （2\text{-}17）$$

其中，$v_j$ 是所有胶囊共同作用的结果，是将 $s_j$ 经过Squash非线性函数压缩之后得到的整体预测向量，大小在（0~1）之间。该公式的前半部分为压缩函数，主要对 $v_j$ 向量的模长进行约束，将其归一化到（0~1）之间。后半部分则是将 $s_j$ 向量单位化，使其方向与 $v_j$ 一致。

在动态路由过程中，需要利用Softmax函数不断更新耦合系数 $c_{ij}$，使其低层胶囊被动态分配到合适的高层胶囊上，计算公式如（2-18）、（2-19）：

$$b_{ij} \leftarrow b_{ij} + u_{j|i} \cdot v_j \qquad\qquad （2\text{-}18）$$

$$c_{ij} = \frac{\exp(b_{ij})}{\sum_k \exp(b_{ik})} \qquad\qquad （2\text{-}19）$$

其中，$b_{ij}$ 表示低层胶囊连接高层胶囊的先验概率，初始值为0，$b_{ij}$ 直接影响

动态路由过程中的 $c_{ij}$。在胶囊网络中，利用低层胶囊的输入，即单个胶囊的预测向量 $u_{j|i}$ 和高层胶囊输出向量 $v_j$ 的内积来判断向量之间的相似性，同时用于更新 $b_{ij}$。胶囊耦合系数越高表示两个胶囊的相似度越高，低层胶囊连接高层胶囊的可能性就越大。

胶囊网络中的动态路由算法通过不断迭代更新耦合系数 $c_{ij}$，反而不需要反向传播算法就可以得到很好的收敛性，但是胶囊网络中的 $w_{ij}$ 还是需要反向传播算法来更新参数。所以胶囊网络层之间的变换其实是带有变换矩阵的胶囊允许网络主动学习部分到整体的位置变换信息，通过动态路由算法，结合低层胶囊特征与高层胶囊特征的空间关系来推断高层胶囊特征。

最后用输出胶囊的范数（向量长度）计算输出意图标签的概率，利用间隔损失函数作为目标函数使损失和最小化，每个胶囊 $v_j$ 的损失函数 $L_j$ 定义如（2-20）：

$$L_j = T_j \max(0, m^+ - \| v_j \|)^2 + \lambda(1 - T_j)\max(0, \| v_j \| - m^-)^2 \quad （2\text{-}20）$$

其中，$j$ 表示意图类别编号，$T_j$ 为分类的指示函数，如果 $j$ 类在意图文本中存在，则 $T_j = 1$，反之，则 $T_j = 0$。$\| v_j \|$ 表示意图胶囊的输出概率，$m^+$ 为上界，设置为0.9，惩罚假阳性，若 $j$ 类在意图文本中存在，预测不存在则会导致损失函数的值很大。$m^-$ 为下界，设置为0.1，惩罚假阴性。若 $j$ 类在意图文本中不存在，预测存在则会导致损失函数值很大。$\lambda$ 为比例系数，用于调整公式前后部分的比例。

Zhao等人[1]首次将胶囊网络用于文本分类任务，分类性能优于CNN，同时将胶囊网络用于多标签文本分类任务，提出三种动态路由策略提高动态路由过程的性能，以减轻噪声（停用词和与类别无关的词）胶囊的干扰，在

---

[1] Zhao Wei，Ye Jianbo，Yang Min，et al. Investigating Capsule Networks with Dynamic Routing for Text Classification[C]// In：Proceedings of the 2018 Conference on Empirical Methods in Natural Language Processing，Brussels，Belgium，October 31-November 4，2018. Association for Computational Linguistics，2018：3110- 3119.

路透社数据集上获得60.3%的性能。Xia等人[1]提出一种基于胶囊网络的意图胶囊模型。该模型对意图文本提取加入自注意力机制的语义特征，然后采用动态路由机制进行意图分类。该模型在意图识别任务上取得不错的效果。但是该方法仅仅针对单意图进行识别，并未对多意图识别任务进行研究。Renkens等人[2]针对少量训练集，研究胶囊网络是否能够有效利用有限可用的数据集进行训练，考虑到原有的深度神经网络需要大量的训练数据，提出一种采用双向循环神经网络（Bidirectional Recurrent Neural Network，Bi-RNN）编码的胶囊网络完成口语理解任务。实验表明该方法在GRABO数据集上优于其他基线方法，胶囊网络能够利用小型数据集获得更好的效果。由于胶囊网络利用动态路由可以建立特征之间的位置关系，使得胶囊网络在小型数据集上优于结构相似的卷积神经网络。

胶囊网络存在以下优势：第一，相比于CNN，胶囊网络中的动态路由算法可以保留句子中出现概率较小的语义特征，保证特征信息的完整性，具有很好的鲁棒性以及拟合特征的能力；第二，由于动态路由无法共享权重，在大型数据集上耗费时间较长，其他深度神经网络需要大量训练数据才可以学习到更好的效果，而胶囊网络在小型数据集上就可以很好地利用训练数据；第三，胶囊网络中的动态路由可以动态学习神经网络层之间的关系，而且胶囊中的属性特征更加丰富。

---

① Xia Congying, Zhang Chenwei, Yan Chenwei, et al. Zero-shot User Intent Detection via Capsule Neural Networks[C]// In: Proceedings of the 2018 Conference on Empirical Methods in Natural Language Processing, Brussels, Belgium, October 31 - November 4, 2018. Association for Computational Linguistics, 2018: 3090-3099.

② Renkens, V., van Hamme, H. Capsule Networks for Low Resource Spoken Language Understanding[C]// In: Processing of the 19th Annual Conference of the International Speech Communication on Association, Hyderabad, India, September 2-6, 2018. ISCA, 2018: 601-605.

# 第七节　迁移学习

## 一、意图识别的迁移学习方法

近年来，迁移学习得到了广泛的关注，利用迁移学习解决实际问题的研究也越来越多。迁移学习的研究内容包括两个部分：源域和目标域。通常情况下，假定源域为$D_S$，其包含大量已标注样本；目标域为$D_T$，其包含少量已标注样本和大量无标注样本。选取来自源域的样本$x^S$，$x \in D$ 且服从$p$分布，来自目标域的样本$x^T$，$x^T \in D^T$且服从$q$分布，其中，$p$分布和$q$分布相似但不相同，且源域的样本数量远远大于目标域。迁移学习过程如图2-14所示，利用源域和目标域样本学习映射函数，使源域和目标域样本映射到公共的特征空间，在此特征空间中，最小化源域和目标域间的差异性，同时将源域的知识和信息应用于目标域，解决目标域任务。实际模型构建中，将足够多的源域知识和信息最大化地迁移到目标域是迁移学习的研究重点。

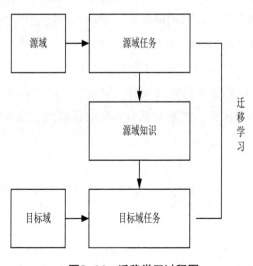

图2-14　迁移学习过程图

深度学习和迁移学习的联合方法在图像领域中得到很好的应用。例如图像分类和视频转换，这种迁移学习和深度学习相结合的深度迁移学习方法在自然语言处理中的应用也越来越广泛。由此可以看出，通过深度迁移学习方法在解决新领域对话系统模型的构建中具有十分重要的作用。深度迁移学习方法通常涉及单词特征级迁移和模型结构级迁移。单词特征级迁移利用源域预训练词向量表示或利用辅助任务训练目标域的特征表示，将预训练特征表示作为目标域模型的输入。模型结构级迁移利用源域对神经网络进行预训练，将神经网络的部分网络层或参数迁移至目标域中训练，并通过目标域数据对神经网络进行微调，实现目标域网络性能的提升。根据迁移学习的主要技术方法，深度迁移学习方法可以分为基于实例的迁移学习、基于网络的迁移学习和领域适应方法。

基于实例的迁移学习是利用源域中样本实例的空间分布，根据源域和目标域样本分布差异，配以适当权重以符合目标域分布，将此部分实例作为目标域的补充，实现实例知识的迁移。Chowdhury等人[①]利用源域中的实例增强学习模型，通过学习源域和目标域数据集的实例表示，并加入软注意力机制的长短时记忆网络和局部敏感哈希值对相关实例进行检索，将其扩展到目标域训练集中，实验在BBC新闻分类结果上优于长短时记忆网络。Wang等[②]人提出一种基于实例的迁移学习方法，通过对源域进行预训练并利用该模型对目标域进行预估，根据其影响删除目标域样本中造成模型性能降低的部分样本实例，利用优化的目标域样本训练、微调该模型并最终对目标域进行预测。实验结果表明该方法对图像分类模型的准确率有一定的提升。

Chen等人[③]针对情感分类训练数据稀缺问题，提出一种基于胶囊网络的迁移学习方法。该方法将文档级情感分类数据迁移到方面级情感分类中，一

① Chowdhury S, Annervaz K M, Dukkipati A. Instance-based inductive deep transfer learning by cross-dataset querying with locality sensitive hashing[J]. arXiv: 1802.05934, 2018.

② Wang T, Huan J, Zhu M. Instance- based deep transfer learning[J]. arXiv: 1809.02776, 2019.

③ Chen Z, Qian T Y. Transfer capsule network for aspect level sentiment classification[C]//Proceedings of the 57th Annual Meeting of the ACL, Florence, Jul 28-Aug 2, 2019. Stroudsburg: ACL, 2019: 547-556.

定程度上解决了方面级情感分类训练数据稀缺的问题，实验在SemEval数据集上验证了基于胶囊网络的迁移学习在情感分类任务中的有效性。Jiang等[①]人针对实例空间和标签空间中数据集之间的分布差异和固有信息，提出一种基于分布适应的多标签度量迁移学习方法。其通过学习和微调训练实例的权重，将最大平均差异方法扩展至分类任务中，从而弥补了实例空间和标签空间中训练域和测试域之间的分布差异，该方法对五个分类任务均有一定提升。贾云龙等人针对微博用户意图数据较少的问题，提出一种基于注意力机制的双向长短时记忆网络的迁移学习方法。该方法利用迁移学习将相似领域数据集与微博用户消费意图数据集结合共同构成训练数据集，通过长短时记忆网络和词频—逆文档频率识别用户的隐性消费意图和显性消费意图。实验结果表明，通过迁移学习所融合的数据集能够提升模型的性能。

　　基于网络的迁移学习是指利用源域训练部分网络模型，包括模型的结构和参数，将该模型的结构和参数迁移到目标域中作为目标域模型的组成部分。Mou等[②]通过对源域预训练，并将其训练所得到的网络与参数迁移至目标域的输入层、隐藏层以及输出层且对该模型的输入层和隐藏层进行一定程度的微调。实验结果表明，该模型能够提升目标域中的意图识别性能。安明慧等人针对问答型情感语料稀缺的问题，采用一种预训练的联合模型。该模型借助非问答型情感分类进行模型的预训练，将预训练模型迁移至问答型情感任务，通过联合学习优化问答型情感分类损失，实现非问答型到问答型的知识迁移。实验结果表明，该方法提升了问答型情感分类任务的性能。

　　王立伟等人针对高光谱图像分类训练数据不足的问题以及数据样本空间特征利用不充分的问题，提出一种基于深层残差网络的迁移学习方法。由于深层残差网络在普通图像分类中已经取得了很大的成功，所以该方法首先使用深层残差网络对高光谱图像进行深层特征的提取，以挖掘数据样本的深层

① Jiang S Y, Xu Y H, Wang T Y, et al. Multi-label metric transfer learning jointly considering instance space and label space distribution divergence[J]. IEEE Access, 2019, 7: 10362-10373.

② Mou L L, Zhao M, Yan R, et al. How transferable are neural networks in NLP appications?[C]// Proceedings of the 2016 Conference on Empirical Methods in Natural Language Processing, Austin, Nov 1-5, 2016: 479-489.

特征信息。其次使用迁移学习策略解决高光谱图像分类数据不足所引起的过拟合现象。最后利用相关数据集对模型网络结构和参数进行训练，并针对高光谱图像数据进行模型结构及参数的微调以适应高光谱图像分类。实验结果表明使用深层残差网络对数据进行特征提取，分类效果提升0.82%，同时迁移不同的网络结构和参数对分类具有很大的影响。实验中迁移最好的网络结构和参数较普通分类模型性能提升了5.74%，验证了基于深层残差网络的迁移学习方法的可行性。邱宁佳等人针对目标域数据量少的问题，提出一种基于模型迁移的卷积神经网络算法。在实验过程中，利用主成分分析方法（Principal Component Analysis，PCA）和自编码器模型（Auto-Encoder，AE）对源域和目标域进行数据特征的降维，利用源域和目标域降维后的特征训练自编码器损失函数以获得目标域的低维度特征表达，通过目标域低维度特征表达微调预训练模型，实现基于网络的模型迁移。该模型在情感分类、文本分类及垃圾评论分类中取得了一定的提升。

领域适应是迁移学习的一个实现方向，目的是在源域数据集上建立一个性能良好的神经网络模型，同时保证该神经网络模型在目标域数据集上也具有良好的性能。领域适应可分为有监督域适应，即目标域数据均为已标注数据；半监督域适应，即包含少量已标注数据和大量无标注数据；无监督域适应，即均为无标注数据。现有领域适应方法通常利用源域和目标域之间差异度量限定边界以解决迁移问题，即基于分布的领域适应方法。目前较为热门的研究方法还有基于对抗的领域适应，该方法利用对抗网络学习源域和目标域的域不变特征表示，从而完成迁移学习。

基于分布的领域适应网络通过最小化源域和目标域之间的领域距离，利用不同的度量准则进行优化，增大源域和目标域的相似性，从而获得域不变特征，即完成迁移学习。目前，基于分布的领域适应包括边缘分布域适应、条件分布域适应以及联合分布域适应。其中，边缘分布域适应的目标是减小边缘概率分布距离，条件域适应的目标是减小条件概率分布的距离，联合域适应是减小联合概率分布的距离。2010年，Pan等人[1]提出一种基于迁移成分分析（Transfer Component Analysis，TCP）的边缘分布域适应方法。该方法利用最大平均差异（Maximum Mean Discrepancy，MMD）学习源域和目标域的数据映射，在此数据映射空间中，源域和目标域尽可能接近且相似，利用该空间完成源域到目标域的迁移。Werner等人[2]针对最大平均差异的高阶特性，提出一种基于最大平均差异的中心矩阵差异（Central Moment Discrepancy，CMD）算法。该方法通过高阶矩阵差异进行匹配概率分布的中心矩阵，解决了最大平均差异所存在计算量大的问题，在迁移学习数据集上取得了一定的效果。Pei等人[3]针对简单的域对齐问题，提出一种多对抗性域适应（Multi-Adversarial Domain Adaptation，MADA）算法。该方法利用多个域判别器对不同类别的数据分布进行对齐，其中根据每个类别的样本对应于每个类别的概率乘以样本特征对应类别的域判别器，该模型促进了正向迁移并提升了分类准确性。吴彦文等人针对推荐方法中目标评分数据稀疏的问题，提出一种领域自适应的推荐方法。该方法首先利用测地线核方法（Geodesic Flow Kernel，GFK）解决目标域数据类别一致性的问题，其次通过特征映射将源域和目标域数据映射到同一样本空间，并通过主成分分析方法（Principal Component Analysis，PCA）和测地线核方法完成对源域和目标域的领域适应，最后利用迁移学习完成模型的构建，该方法在推荐系统数据集上表现良好。Long等人[4]基于分布的希尔伯特空间嵌入理论，提出了一种直接比较跨域的联合分布差异。该差异可以将联合分布嵌入到再生内核希尔伯特空间中来直接比较跨域联合分布差异，从而消除了对边界条件分解的适

[1] Pan S J，Tsang I W，Kwok J T，et al. Domain adaptation via transfer component analysis[J]. *IEEE Transactions on Neural Networks*，2010，22（2）：199–210.

[2] Zellinger W，Grubinger T，Lughofer E，et al. Central moment discrepancy（cmd）for domain-invariant representation learning[J]. *arXiv preprint arXiv*：1702.08811，2017.

[3] Pei Z，Cao Z，Long M，et al. Multi-adversarial domain adaptation[C]//Proceedings of the AAAI Conference on Artificial Intelligence. 2018，32（1）.

[4] Long M S，Wang J M，Jordan M，et al. Deep transfer learning with joint adaptation networks[J]. arXiv：1605.06636，2016.

应过程，不再需要对边界条件进行判定，该方法在一定程度上解决了源域和目标域之间的差异性。Zhu等人[①]针对全局对齐时忽视子域之间的关系问题，提出一种深度子域适应网络（Deep Subdomain Adaptation Network，DSAN）模型。该模型利用局部最大平均差异以对齐子域学习网络。该方法不仅提高了模型的收敛速度，同时在MNIST数据集上较传统迁移学习方法提升了8.1%。Long等人[②]针对边缘分布和条件分布之间的差异性，提出结合多种分布概率的联合分布适应（Joint Distribution Adaptation，JDA）模型。该模型在特征提取过程中同时减小边缘概率分布和条件概率分布，在一定程度上解决实际的分布差异，在跨域图像分类中取得了7.57%的提升。

基于对抗的领域适应是迁移学习中的热点研究方向，指利用对抗神经网络捕捉源域和目标域的公共特征表示，通过对源域和目标域的对抗训练完成对公共特征空间的学习，使得公共特征空间无法区分特征来自源域还是目标域，从而完成域不变特征学习，实现源域知识到目标域的迁移。对抗神经网络最早源自生成对抗网络（Generative Adversarial Networks，GAN），首先利用生成器生成样本，将其输入到判别器与真实数据进行对抗训练，目标是使生成器所生成的数据尽可能接近真实数据从而迷惑判别器，而判别器的主要目标是尽可能正确区分数据的真伪。该网络主要应用于图像任务中，后逐渐应用于自然语言处理领域。Long等人[③]提出一种随机多线性域适应对抗网络（Domain Adaptation with Randomized Multilinear Adversarial Networks，RMAN），其通过多重特征层以及多线性对抗分类层实现深度学习与对抗神经网络的结

① Zhu Y，Zhuang F，Wang J，et al. Deep subdomain adaptation network for image classification[J]. IEEE transactions on neural networks and learning systems，2020.

② Long M，Wang J，Ding G，et al. Transfer feature learning with joint distribution adaptation[C]// Proceedings of the IEEE international conference on computer vision. 2013：2200−2207.

③ Long M S，Cao Z J，Wang J M，et al. Domain adaptation with randomized multilinear adversarial networks[J]. arXiv：1705.10667，2017.

合，实现跨领域任务的迁移。Tzeng等人[①]针对目标域训练数据稀疏的问题，提出一种基于卷积神经网络的迁移学习。该方法利用域混淆损失评估域不变特征的有效性，通过对未标注数据和稀疏标注数据的域不变特征进行优化，最小化源域和目标域分布距离，从而实现源域到目标域的迁移。Luo等人[②]针对源域和目标域特征提取问题，提出一种基于度量学习的迁移学习方法。该方法利用度量学习实现领域间深层特征提取并利用域对抗损失实现跨领域的迁移。

目前，领域对抗神经网络（Domain-Aduversarial Training of Neural Networks，DANN）在跨领域识别任务中受到了广泛的关注。该方法首次将对抗训练引入迁移学习，模型包含三个部分：特征提取器、分类器和领域判别器。利用源域的大量已标注数据训练分类器，使其获得性能良好的分类模型；通过引入梯度反转层实现领域判别器与特征提取器之间的对抗训练，利用对抗训练学习源域和目标域的公共特征空间，也被称为域不变特征；利用分类模型对目标域进行分类。利用领域对抗神经网络有效解决了目标域数据稀缺的问题，领域对抗神经网络在MNIST-M数据集上获得了76.6%的准确率，较以往子空间对齐（Subspace Alignment，SA）方法提升了19.7%，验证了领域对抗神经网络的有效性。Daniel等人[③]针对目标语言数据稀缺的问题，利用领域对抗神经网络将英语语种数据迁移至低资源语种完成了在语言翻译方面的研究，在低资源语言无标记数据领域获得了78.8%的准确率，同时使用该方法在亚马逊情感分类的跨领域适应任务中。该方法获得了88.8%的准

———————

① Tzeng E，Hoffman J，Darrell T，et al. Simultaneous deep transfer across domains and tasks[C]// Proceedings of the 2015 IEEE International Conference on Computer Vision，Santiago，Dec 7-13，2015. Piscataway：IEEE，2015：173-187.

Tzeng E，Hoffman J，Saenko K，et al. Adversarial discriminative domain adaptation[C]//Proceedings of the 2017 IEEE International Conference on Data Engineering，San Diego，Apr 19-22，2017：4.

② Luo Z L，Zou Y L，Li F F，et al. Label efficient learning of transferable representations acrosss domains and tasks[C]//Proceedings of the Advances in Neural Information Processing Systems. Red Hook：Curran Associates Inc.，2017：164-176.

③ Daniel G，Ngoc Thang Vu，Johannes Maucher，Low-Resource Text Classification using Domain-Adversarial Learning[J]. arXiv：1807.05195v2，2020.

确率。上述实验验证了领域对抗神经网络在文本方面的可行性。林悦等人针对情感分析任务中目标领域数据量较少的问题，提出一种基于胶囊网络的跨领域研究方法。该模型分为两个阶段进行训练。第一阶段，利用胶囊网络对源域和目标域的特征进行提取，采取源域和目标域的领域对抗训练方法，在域对抗训练中加入梯度反转层实现前向传播和反向传播的过程，最终得到第一阶段分类损失函数，如公式（2-21）。第二阶段，利用目标域的标记信息来改善模型的适应能力，通过对目标域的训练，学习目标域独有的特征表示，第二阶段损失函数如公式（2-22）所示。通过对两个阶段损失函数的融合与交互，最终提升整个分类器对目标域的分类效果，即完成从源域到目标域的迁移。

$$L_1 = -\frac{1}{N_s^l} \sum_{i=1}^{N_s^l} y_i \ln \hat{y}_i + (1-y_i)\ln(1-y_i) - \qquad (2\text{-}21)$$

$$\frac{1}{N_s^l + N_t^u} \sum_{i=1}^{N_s^l + N_t^u} d_i \ln \hat{d}_i + (1-d_i)\ln(1-d_i)$$

$$L_2 = -\frac{1}{N_t^l} \sum_{i=1}^{N_t^l} y_i \ln \hat{y}_i' + (1-y_i)\ln(1-y_i') \qquad (2\text{-}22)$$

## 二、命名实体识别的迁移学习方法

命名实体识别的迁移学习方法早期工作主要集中在基于数据的方法，利用并行语料库、双语词典等作为桥梁将知识（如标注、特征表示等）从高资源语言投影到低资源语言，主要用于跨语言命名实体识别的迁移。后来研究者将源域模型部分参数或特征表示迁移到目标域模型上，不需要额外的对齐信息，即可实现跨领域和跨应用命名实体识别迁移，并取得了非常好的效果。最近，命名实体识别对抗迁移学习受到越来越多研究人员的关注，引入由生成对抗网络启发的对抗技术，生成一种"域无关特征"，进而实现源域知识到目标域的迁移，帮助目标任务提高学习性能，同时有效缓解了负迁移问题。

命名实体识别的基于数据迁移学习方法大多利用额外高资源语言标注数据作为迁移学习的弱监督训练，以对齐信息作为"桥梁"，如双语词典、并行语料库和单词对齐等，将知识（如标注、词向量、特征表示等）从高资源语言投影到低资源语言。基于数据方法在跨语言命名实体识别中显示出相当大的优越性，但是对高资源语言标注数据和对齐信息的规模和质量非常敏感，并且仅限于跨语言迁移。

为解决目标语言中没有人工标注数据的问题，提高跨语言NER性能，Ni等人[①]提出两种弱监督跨语言命名实体识别方法：标注投影法和表示投影法；以及两种共解码方案：基于排除-O置信度和基于等级的共解码方案。

标注投影法利用并行语料库、翻译等对齐语料，将高资源语言中的标注迁移到对应目标语言上，并开发了一种独立于语言的数据选择方案，可以从嘈杂的数据中选择高质量标注投影数据。假设：给定目标语言句子 $y$，以及质量得分阈值q和实体数量阈值 $n$，其投影质量得分 $q(y)$ 如公式（2-23）所示：

$$q(y) = \frac{\sum_{e \in y} \hat{P}(l'(e)|e)}{n(y)} \qquad (2-23)$$

其中，$e$ 代表 $y$ 中的每个实体，$\hat{P}(l'(e)|e)$ 代表 $e$ 用投影标注 $l'(e)$ 标记的相对频率，$n(y)$ 是 $y$ 中的实体总数。数据选择方案必须满足：$q(y) \geq q$；$n(y) \geq n$。

表示投影法，首先使用以词向量为输入的前馈神经网络模型训练英语命名实体识别系统，然后将目标语言的词向量通过线性映射 $M_{f \to e}$ 投影到英语

① Ni J, Dinu G, Florian R, et al. Weakly supervised cross-lingual named entity recognition via effective annotation and representation projection[C]// Proceedings of the 55th Annual Meeting of the Association for Computational Linguistics, Vancouver, Jul 30 – Aug 4, 2017.Stroudsburg: ACL, 2017: 1470–1480.

向量空间中；最后使用训练好的英语命名实体识别系统对目标语言进行标记。可通过加权最小二乘法得到线性映射 $M_{f \to e}$，如公式（2-24）所示：

$$M_{f \to e} = \arg \min_{M} \sum_{i=1}^{n} w_i \| u_i - M v_i \|^2 \qquad （2-24）$$

其中，$w_i$ 表示训练词典中英语目标语言单词对 $(x_i, y_i)$ 的权重，$u_i$、$v_i$ 分别表示英语单词 $x_i$ 和目标语言单词 $y_i$ 的词向量。

共解码方案可以有效地结合两种投影法的输出，提高识别精度。基于排除-O置信度的共解码方案是选择置信度分数较高的标注投影法或表示投影法生成的标签，优先选择一种方法的非O标签（即实体标签）。基于等级的共解码方案，给予标注投影法更高优先级，即组合输出包括标注投影法检测到的所有实体，以及与标注投影法不冲突的所有表示投影法检测到的实体。当标注投影法为一段x生成了O标签，则表示投影法检测到x的实体标签不会与标注投影冲突。例如，标注投影法的输出标签序列为（B-PER，O，O，O，O），表示投影法的输出标签序列为（B-ORG，I-ORG，O，B-LOC，I-LOC），那么基于等级的共解码方案合并输出为（B-PER，O，O，B-LOC，I-LOC）。

Ni等人[1]的贡献在于为标注投影法开发了一种语言无关数据选择方案，以及两种共解码方案，有效地提高了命名实体识别的识别精度。两种投影法都具有较高的灵活性，但是容易受到双语单词对的对齐准确率和英语命名实体识别系统准确率的影响。

为了丰富低资源语言的语义表示以及缓解词典外单词问题，Feng等人[2]提出了双语词典特征表示迁移法，将双语词典特征表示和词级实体类型分布

---

[1] Ni J, Dinu G, Florian R, et al. Weakly supervised cross-lingual named entity recognition via effective annotation and representation projection[C]// Proceedings of the 55th Annual Meeting of the Association for Computational Linguistics, Vancouver, Jul 30 - Aug 4, 2017.Stroudsburg: ACL, 2017: 1470-1480.

[2] Feng X C, Feng X C, Qin B, et al. Improving low resource named entity recognition using cross-lingual knowledge transfer[C]//Proceedings of the 27th International Joint Conference on Artificial Intelligence, Stockholm, Jul 13-19, 2018: 4071-4077.

特征作为目标命名实体识别模型的额外输入，并设计一个词典扩展策略估计词典外单词的特征表示。

双语词典特征表示：根据来自高资源语言的翻译，对每个低资源语言单词的所有翻译词向量使用双向长短时记忆网络或注意力机制提取特征表示 $vec_i$。每个翻译项目T都由一个或多个高资源语言单词组成，如中文单词"美国"有四个英文翻译"America""United States""USA"和"The United States of America"。

词典扩展策略，用于估计词典外单词的双语词典特征表示。给定低资源语言单词 $x_i$ 及其对应词向量 $w_i$ 和双语词典特征表示 $vec_i$。使用线性映射函数，如公式（2-25）所示，作为两个语义空间之间的转换，最小化公式（2-26）以优化映射矩阵M，在获得M之后，对每个词典外单词 $o_i$ 用公式（2-27）估算其特征表示 $veo_i$。

$$vec_i = Mw_i \qquad (2\text{-}25)$$

$$loss_M = \sum_{i=1}^{f}\left\|vec_i - Mw_i\right\|_2 \qquad (2\text{-}26)$$

$$veo_i = Mo_i \qquad (2\text{-}27)$$

单词实体类型的分布特征是每个单词被标记为每种实体类型的概率。实验中只使用了三种最常见的命名实体类型，即P（人名）、L（地名）、O（组织名）以及随机生成一个表示非实体的类型N，因此构造了四个实体类型向量 $\{E_P, E_O, E_L, E_N\}$，$E_j \in R^d$。然后，使用标准余弦函数计算低资源词向量 $w_i$ 与实体类型向量 $E_j$ 之间的语义相关性，如公式（2-28）所示。最后，每个低资源和高资源语言单词都分配有一个维数为4的实体类型分布特征，$e_{ij} = \{e_P, e_O, e_L, e_N\}$。将低资源词向量 $w_i$、低资源字符向量 $c_i$、双语词典翻译特征 $vec_i$ 或 $veo_i$ 以及实体类型分布特征 $e_{ij}$ 的连接词向量 $W_i = \{w_i, c_i, vec_i, e_{ij}\}$ 作为BiLSTM-CRF模型的输入。

$$e_{ij} = \frac{w_i^T \cdot E_j}{\left\|w_i\right\| \times \left\|E_j\right\|} \qquad (2\text{-}28)$$

该方法开创性地使用双语词典特征表示和单词实体类型的分布特征表示，丰富了低资源语言的语义表示，并设计了一种词典扩展策略有效地缓解了词典外单词问题，在低资源命名实体识别性能上取得很大的提升。该方法具有非常好的可扩展性，可以将高资源语言的其他知识（如WordNet、知识图谱等）整合到体系结构中，还可以扩展到其他自然语言处理任务（如意图识别、情感分析）。

基于模型迁移学习的命名实体识别不需要额外的高资源语言对齐信息，主要利用源域和目标域之间的相似性和相关性，将源域模型部分参数或特征表示迁移到目标域模型，并自适应地调整目标域模型。例如，Ando和Zhang①提出了一种迁移学习框架。该框架在多个任务之间共享结构参数，并提高了包括命名实体识别在内的多种任务的性能。Collobert等人②提出一个独立于任务的卷积神经网络，并采用联合训练将知识从命名实体识别和词性标注任务迁移到组块识别任务。Wang等人③利用标签感知MMD完成特征迁移，实现了跨医学专业POS系统。Lin等人④在现有的深度迁移神经网络结构上引入单词和句子适应层，弥合两个输入空间之间的间隙，在LSTM和CRF层之间也引入了输出适应层，以捕获两个输出空间中的变化。考虑到目标数据的领

① Ando R K，Zhang T. A framework for learning predictive structures from multiple tasks and unlabeled data[J]. Journal of Machine Learning Research，2005，6：1817−1853.

② Collobert R，Weston J，Bottou L，et al. Natural language processing（almost）from scratch[J]. Journal of Machine Learning Research，2011，12：2493−2537.

③ Wang Z H，Qu Y R，Shen L H，et al. Label−aware double transfer learning for cross specialty medical named entity recognition[C]//Proceedings of the 2018 Conference of the North American Chapter of the Association for Computational Linguistics：Human Language Technologies，New Orleans，Jun 1−6，2018.Stroudsburg：ACL，2018：1−15.

④ Lin B Y，Lu W. Neural adaptation layers for cross−domain named entity recognition[C]//Proceedings of the 2018 Conference on Empirical Methods in Natural Language Processing，Brussels，Oct 31 − Nov 4，2018.Stroudsburg：ACL，2018：2012−2022.

域相关性差异，Yang等人[①]受知识蒸馏（Knowledge Distillation，KD）的启发，提出了一种用于序列标记领域自适应的细粒度知识融合模型，首先对目标域句子和单词的领域相关性进行建模，然后在句子和单词级别上对源域和目标域进行知识融合，有效平衡了目标域模型从目标域数据学习和从源域模型学习之间的关系。

循环神经网络及其变体已被大量应用于词性标注任务，并取得了非常高的识别精度。Yang等人利用神经网络通用性，提出了一种基于RNN的序列标注迁移学习框架（RNN-TL），通过源任务和目标任务之间共享模型参数和特征表示，提高目标任务的学习性能，并利用不同级别的共享方案，在一个统一的模型框架下处理跨域、跨应用和跨语言迁移。

该方法开发的三种级别共享方案框架分别为T-A、T-B和T-C，如图2-15所示。

T-A共享所有模型参数，最后在源任务和目标任务的CRF层上执行一个标签映射，应用于两个具有相同标签集领域的跨域迁移。

T-B共享CRF层前所有的模型参数，即每个任务单独训练一个CRF，用于两个具有不同标签集领域的跨域迁移和跨应用迁移。

T-C只共享字符向量和字符特征表示，用于跨语言迁移，侧重于字母相似的语言，如：英语和西班牙语。

该方法的共享参数由两个任务共同优化，源任务和目标任务具有不同的收敛速度，所以会提前停止目标任务。

该迁移方法在一个统一的RNN-CRF框架下，在低资源跨域、跨应用和跨语言的序列标注任务上取得了不错的效果，尤其是在跨领域方面。但是还存在一定不足：跨语言迁移只适合字母相似的语言；对于迁移的参数和特征表示没有进行任何筛选工作，这使得负迁移对模型性能产生消极影响。

---

① Yang H Y，Huang S J，Dai X Y，et al. Fine-grained knowledge fusion for sequence labeling domain adaptation[C]//Proceedings of the 2019 Conference on Empirical Methods in Natural Language Processing and the 9th International Joint Conference on Natural Language Processing，Hong Kong，China，Nov 3-7，2019.Stroudsburg：ACL，2019：4195-4204.

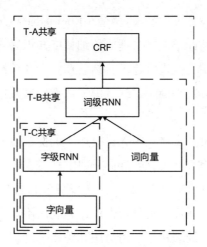

图2-15　基于RNN的迁移学习模型

　　命名实体识别的实体类型随时间在不断变化，为了解决目标领域出现新的实体类型而导致重新标注数据和训练模型的问题，Chen等人[①]提出了一种解决方案：在目标域模型的输出层添加新的神经元并迁移源域模型部分参数，然后在目标数据上进行微调（Fine-tuned）。此外，还设计出一种神经适应器，学习源数据和目标数据之间的标签分布差异，迁移过程如图2-16所示。

　　在目标域模型输出层扩展nM个神经元用于学习新实体类型，其中n取决于数据集标签格式。例如，如果数据集为BIO格式，则n=2，因为对于每个命名实体类型，将有两种输出标签B-NE和I-NE，M是新命名实体类型的数量。迁移源域模型参数时，目标域模型输出层参数用正态分布 $X \sim N\left(\mu, \sigma^2\right)$ 得出的权重进行初始化；其他参数都用源域模型中相对应参数进行初始化。

① Chen L, Moschitti A. Transfer learning for sequence labeling using source model and target data[J]. arXiv：1902.05309，2019.

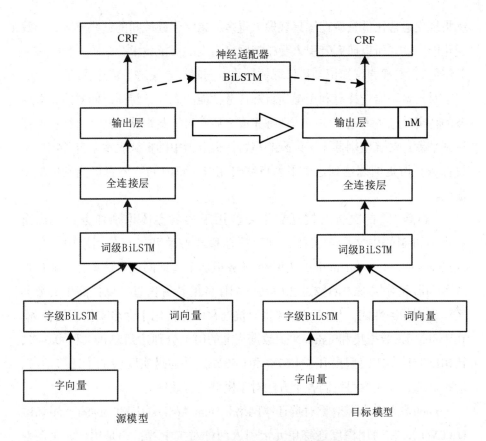

图2-16 源域模型参数和神经适应器模型

神经适应器使用BiLSTM实现，将源域模型输出层输出连接到目标域模型相应输出上，作为目标CRF的附加输入。可以为目标域模型学习两个任务之间的标签分布差异，以减少数据标签不一致的影响。

该方案使用源域模型的参数和神经适应器实现模型迁移，是一种非常简单的迁移方法，解决了目标领域出现新实体类型而导致重新标注数据和训练模型的问题。同时神经适应器可以解决标签不一致问题，具有提高迁移模型性能的能力。

命名实体识别的基于模型迁移学习方法虽然取得了很好的性能，但是还存在以下问题有待解决：（1）没有考虑资源间的差异，强制在语言或领域之间共享模型参数和特征表示；（2）资源数据不平衡，高资源语言或领域的训练集规模通常比低资源训练集规模大得多，忽略了领域间的这些差异，导致泛化能力差。所以研究者引入受GAN网络启发的对抗技术，学习一种"域无关特征"，实现源域知识到目标域的迁移，同时有效缓解了负迁移问题。

对抗鉴别器选择有利于提高目标任务性能的源任务特征，同时防止源任务的特定信息进入共享空间。训练完成之后，对抗鉴别器和共享特征提取器达到平衡：对抗鉴别器无法区分共享特征提取器中的特征表示来自源域还是目标域。但是训练达到这个平衡点需要花费大量时间，还有可能发生模型崩溃。

Cao等人[①]首次将对抗迁移学习应用于命名实体识别任务，提出自注意力机制的中文命名实体识别对抗迁移学习模型。充分利用中文分词（Chinese Word Segmentation，CWS）任务更加丰富地词边界信息，并通过任务鉴别器和对抗损失函数过滤中文分词任务的特有信息，以提高中文命名实体识别任务性能。该模型首次将对抗迁移学习应用于命名实体识别任务，在WeiboNER数据集和SighanNER数据集上的F1值分别达到53.08%和90.64%，比BiLSTM-CRF模型提升了4.67%和1.43%，并通过实验验证了迁移学习、对抗训练、自注意力机制各个方法对于模型的有效性。

Zhou等人提出了双重对抗迁移网络（Dual Adversarial Transfer Network，DATNet），在通用深度迁移单元上引入两种对抗学习：一是用广义资源对抗鉴别器（Generalized Resource-Adversarial Discriminator，GRAD），解决资源数据不均衡和资源差异问题；二是对抗训练，分别在字符向量和词向量层添加一个小范数 $\in$ 作为界的扰动，以提高模型的泛化能力和鲁棒性。DATNet很好地解决了表示差异和数据资源不平衡的问题，提高了模型的泛化能力，并在跨语言和跨域命名实体识别迁移上取得显著改进。实验表明，DATNet-P架构更适合具有相对更多训练数据的跨语言迁移，而DATNet-F架构更适合具有极低资源和跨域迁移的跨语言迁移。

---

① Cao P F, Chen Y B, Liu K, et al. Adversarial transfer learning for Chinese named entity recognition with self-attention mechanism[C]//Proceedings of the 2018 Conference on Empirical Methods in Natural Language Processing, Brussels, Oct 31 - Nov 4, 2018.Stroudsburg: ACL, 2018: 182-192.

## 【小结】

本章对相关理论进行介绍，从传统的特征向量表示开始到现在大规模使用的各类词向量，再到注意力机制、预训练模型以及当下用于意图识别和语义槽填充的主流方法和两个任务的迁移学习方法都进行了详细的介绍，希望读者先行了解这部分知识，对后续学习和阅读有所帮助。

## 第一节　单意图识别

### 一、传统的单意图识别方法

近年来，意图识别成为学术界和工业界新的研究热点，为了正确理解人机对话系统中的用户意图，大部分学者将意图识别看作一种语义话语分类（Semantic Utterance Classification，SUC）问题。传统的意图识别方法主要有基于规则（Rule-Based）模板的语义识别方法和使用统计特征的分类算法。

基于规则模板的意图识别方法一般需要人为构建规则模板以及类别信息对用户意图文本进行分类。Ramanand等人[1]针对消费意图识别，提出基于规

---

[1] Ramanand J, Bhavsa R K, Pedaneka R N. Wishful thinking: finding suggestions and 'buy' wishes from product reviews[C]//In: Proceedings of the NAACL HLT 2010 Workshop on Computational Approaches to Analysis and Generation of Emotion in Text, Stroudsburg, PA: Association for Computational Linguistics, 2010: 54–61.

则和图的方法来获取意图模板，在单一领域取得了较好的分类效果。Li等人研究发现，在同一领域下，不同的表达方式会导致规则模板数量的增加，需要耗费大量的人力物力。所以，基于规则模板匹配的方法虽然不需要大量的训练数据，就可以保证识别的准确性，但无法解决意图文本更换类别时带来重新构造模板的高成本问题。

基于统计特征分类的方法，则需要对语料文本进行关键特征的提取，如字特征、词特征、N-Gram等，然后通过训练分类器实现意图分类。常用的方法有朴素贝叶斯（Naive Bayes，NB）、Adaboost、支持向量机（Support Vector Machines，SVM）和逻辑回归等。陈浩辰分别使用SVM和Naive Bayes分类器对微博语料进行消费意图分类，F1值都达到70%以上，但这两种分类器都需要人工提取特征，不仅成本高，而且特征的准确性无法得到保障，同时还会导致数据稀疏问题。由于SVM对多类别数据信息的分类效果不好而且泛化性能较差，贾俊华通过引入AdaBoost算法和PSO算法，利用PSO优化SVM参数，并且采用AdaBoost算法集成PSO和SVM分类器，得到一种AdaBoost-PSOSVM强分类器，在相同数据集上分类性能明显高于SVM分类器。但这些方法都不能准确理解用户文本的深层次语义信息。如何准确识别出用户的真实意图，这是一项非常具有挑战性的任务。

随着深度学习的不断发展，越来越多的学者们采用深度神经网络（Deep Neural Networks，DNNs）对意图识别任务进行研究，在识别性能上有了较大的提升。深度置信网络（Deep Belief Networks，DBNs）被用于自然语言呼叫路由系统的意图识别任务，相比较传统的机器学习方法，可以得到很好的分类结果。Tur等人提出一种特殊类型的深层结构——深凸网络（Deep Convex Networks，DCNs）并用于语义话语分类中，与DBNs相比，它具有更好的分类准确性和训练可扩展性。之后，BP（Back Propagation）神经网络也成功应用于电商领域的商品意图识别任务中。在单意图识别任务中，常用的深度学习方法有词向量（Word Embedding）方法、卷积神经网络、长短时记忆网络、门控循环单元和深度学习组合模型等。

## （一）词向量用于单意图识别

在自然语言处理领域，文本表示主要是将文本表示成机器可以理解的语言，传统的文本表示方法主要有词袋模型、统计语言模型和概率主题模型，但是它们缺乏语义表征能力。而现有的分布式词向量被人们广泛研究和应用，而且分布式词向量利用词的上下文信息，使得语义信息更加丰富。所谓分布式词向量就是将词语转换成分布式向量，是研究深度学习的重要部分，主要用来表征句子的内容，从而实现下游任务。近年来，在自然语言处理过程中，由于使用原始词法特征会导致数据稀疏问题，词向量逐渐被用于语义分析任务中，而且连续表示学习可以解决数据稀疏问题。词向量通常由 Mikolov等人[①]开源的Word2Vec和Pennington 等人[②]研究的GloVe工具在大规模文本语料中训练生成，并作为深度学习模型输入文本向量表示的初始值。

Kim等人[③]将词向量作为词法特征进行意图分类，与传统的词袋模型相比，基于词向量的意图分类方法对不同分类内容的表征能力和领域可扩展性更好。Kim等人[④]利用语义词汇字典［如 WordNet和 Paraphrase Data-base（PPDB）］的信息来丰富词向量，从而提高意图文本的语义表示，通过构建 BiLSTM 模型进行意图识别。在航空旅行信息系统（Air Travel Information System，ATIS）数据集和来自Microsoft Cortana的关于地点的真实日志数据集

① T Mikolov, K Chen, G Corrado, et al. Efficient Estimation of Word Representations in Vector Space[C]// In: Processing of the 1st International Conference on Learning Representations, Scottsdale, Arizona, USA, May 2-4, 2013. Computer Science, 2013.

② J Pennington, R Socher, C Manning. Glove: Global Vectors for Word Representation[C]// In: Proceedings of the 2014 Conference on Empirical Methods in Natural Language Processing, Doha, Qatar, October 25-29, 2014. Association for Computational Linguistics, 2014: 1532-1543.

③ Kim, D, Lee, Y, Zhang, J, Rim, H. Lexical feature embedding for classifying dialogue acts on Korean conversations[C]//In: Proceedings of 42th Winter Conference on Korean Institute of Information Scientists and Engineers, 2015: 575-577.

④ Kim J K, Tur G, Celikyilmaz A, et al. Intent detection using semantically enriched word embeddings[C]//In: Spoken Language Technology Workshop, San Diego, CA, USA, December 13-16, 2016: 414-419.

上验证，表明丰富的语义词汇向量可以提高意图的识别性能。而且对于规模较小的训练集采用复杂的深度学习模型，提供丰富的词向量会对模型性能有一定的帮助。因此，词向量的研究会对深度学习模型的运用起到至关重要的作用。

## （二）卷积神经网络用于单意图识别

由于全连接神经网络相邻两层的结点都会连接，这样会使得训练参数过多，导致计算速度减慢，还容易产生过拟合问题。为了减少神经网络中参数的个数，卷积神经网络应运而生。它与全连接神经网络很相似，但是在相邻两层连接时只有部分结点相连接，每一层只与上一层的部分节点相连，不仅简化了全连接神经网络的结构，而且有助于深层神经网络的研究。

卷积神经网络是一种深度神经网络，它主要由输入层、卷积层、池化层、全连接层和Softmax层五部分构成。CNN最初被用于图像处理，随着词向量技术的出现，CNN被广泛应用于自然语言处理领域，并且取得了很好的研究成果。因为词向量对句子具有很好的表征能力，卷积层可以提取到句子中不同位置的语义信息，而CNN中的最大池化操作又可以提取句子中最显著的特征信息，有助于意图分类任务的研究。Hashemi等人[①]采用CNN提取文本向量表示作为查询分类特征来识别用户搜索查询的意图，与传统的人工特征提取方法相比，不仅减少了大量的特征工程，而且可以得到更深层次的特征表示。

CNN可以用于意图识别任务，结构模型如图3-1所示，首先需要对用户的意图文本进行分词预处理，然后将输入的意图文本进行向量化表示，构成句子的输入矩阵，然后利用不同滤波器对句子中的不同词组进行卷积处理，得到句子不同搭配的语义特征组合，接着利用池化操作提取句子中的平均语

---

① Hashemi H B, Asiaee A, Kraft R. Query intent detection using convolutional neural networks[C]// In: International Conference on Web Search and Data Mining, Workshop on Query Understanding, 2016.

义特征（平均池化）或句子中最显著的语义特征（最大池化），然后输入到全连接层中实现意图文本分类任务。

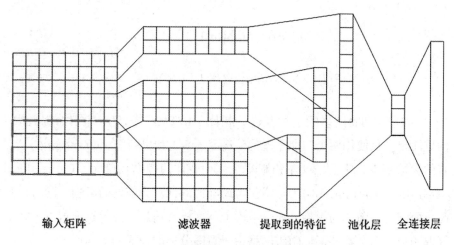

　输入矩阵　　　　　　　滤波器　　　提取到的特征　　池化层　　全连接层

**图3-1　CNN用于意图识别的模型图**

## （三）长短时记忆网络及其变体用于单意图识别

　　长短时记忆网络是RNN的一种变体，主要由输入门、遗忘门和输出门构成。一个简单的RNN存在梯度消失和梯度爆炸问题，为了解决这一问题，通过在RNN结构中引入一个内存单元得到LSTM来进行序列建模。因为LSTM可以控制要保留和遗忘的信息，对输入较长的文本具有很好的记忆功能，同时对文本的时序关系具有良好的建模能力。LSTM也被广泛用于自然语言处理领域，同时被用于解决意图识别问题，基于LSTM的意图分类计算公式如下：

$$i_t = \sigma(W_i v_t + U_i h_{t-1} + b_i) \qquad (3-1)$$

$$f_t = \sigma(W_f v_t + U_f h_{t-1} + b_f) \qquad (3-2)$$

$$o_t = \sigma(W_o v_t + U_o h_{t-1} + V_o m_t + b_o) \qquad (3-3)$$

$$m_t = i_t \circ \tanh(W_c v_t + U_c h_{t-1} + b_c) + f_t \circ m_{t-1} \qquad (3-4)$$

$$h_t = o_t \circ \tanh(m_t) \qquad (3-5)$$

$$P(L \mid w) = soft\max(W_o h_T + b_o) \qquad (3-6)$$

GRU是LSTM网络的一种改进，相比于LSTM网络，GRU网络的模型结构更简单，只使用两个门即重置门（reset gate）和更新门（update gate），含有的参数更少，需要的文本语料更少。而双向门控循环单元（Bidirectional Gated Recurrent Unit，BGRU）不仅考虑前面的词对当前词的影响，同时也考虑后面词对当前词的影响，充分考虑上下文语义信息，使得模型可以更好地提取用户意图文本特征，GRU网络用于意图分类的公式如下：

$$z_t = \sigma(W_z v_t + U_z h_{t-1} + b_z) \qquad (3-7)$$

$$r_t = \sigma(W_r v_t + U_r h_{t-1} + b_r) \qquad (3-8)$$

$$h_t = z_t \circ \tanh(W_h v_t + U_h(r_t \circ h_{t-1})) + (1 - z_t) \circ h_{t-1} \qquad (3-9)$$

$$P(L \mid w) = soft\max(W_o h_T + b_o) \qquad (3-10)$$

在意图识别任务中，LSTM和GRU都是将隐藏状态的最终输出作为意图文本表示，从而进行意图分类，如图3-2所示。

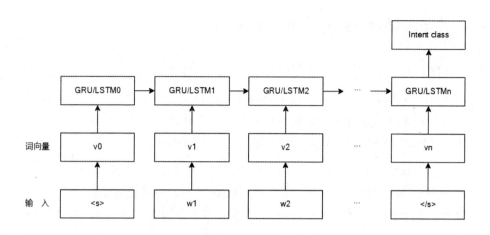

图3-2 LSTM 和 GRU 用于意识识别的模型图

## （四）深度学习组合模型用于单意图识别

考虑到各种深度学习模型的优缺点，大部分研究者将具有不同优势的深度学习模型进行组合，对用户意图文本进行分类。钱岳利用CNN可以更深层次地提取意图文本特征以及LSTM可以对文本的时序关系建模的优点，提出基于Convolution-LSTM的出行消费意图识别模型，并且取得了很好的性能结果。余慧等人针对短文本会导致数据稀疏的问题，提出了基于短文本主题模型（Biterm Topic Model，BTM）和BiGRU的多轮对话意图识别模型。该混合模型在用户就医意图识别上取得了很好的效果，而且性能优于Convolution-LSTM深度组合模型。黄佳伟提出了Character-CNN-BiGRU深度学习组合模型，该组合模型利用基于字符的方法不仅使得所用词表范围更小而且可以解决未登录词问题，再结合CNN可以提取到意图文本的深层局部特征信息，以及BiGRU可以保证文本的时序关系对意图识别任务进行建模，突出深度学习组合模型在意图识别任务上的优势。但是深度学习组合模型结构较为复杂，而且费时费力，训练时间较长，如何简化组合模型是值得我们思考的问题。

## （五）联合识别方法用于意图识别

随着意图识别方法的不断研究与改进，考虑单一任务研究因其独立的模型而容易出现错误传播，有些学者提出语义槽填充和意图识别的联合模型。本书作者通过三角链条件随机场对意图识别和语义槽填充进行联合建模，与将语义槽填充结果作为意图识别特征的级联模型相比，联合模型在意图识别任务上表现出很好的性能，突出了两者之间的关联性。Liu等人[①]通过在双向循环神经网络的隐层上增加注意力机制来捕捉句子的重要语义成分，从而提高意图识别的准确率，在ATIS数据集上验证基于注意力机制的双向循环神经网络模型的意图识别错误率为2.35%。研究者通过将语义槽填充与意图识别联合实验，在相同数据集上进行验证，意图识别的错误率降到1.79%。可见，语义槽填充的性能有助于意图识别的研究。

随着卷积神经网络和循环神经网络在各个领域的应用，口语理解的性能取得极大提升，意图识别的准确性也在逐渐提升。意图识别任务一般分为单意图识别任务和多意图识别任务。单意图识别任务是指用户的输入文本信息只存在一种意图种类，如用户输入"我想要预订北京到上海的火车票"，其意图类别为"预订火车票"。单意图识别任务的主流模型基本由卷积神经网络、循环神经网络及其变种所垄断，神经网络在解决意图识别任务时，免去了机器学习人工提取特征的烦琐步骤，通过神经网络框架自动获取文本特征信息，在解决语义信息缺失等问题中取得了良好的效果。Kim等人利用丰富的语义词汇（如WordNet）词向量，提高对意图文本语义信息的获取能力，进而提升意图识别的准确率。迟海洋等人针对用户文本较短、特征矩阵稀疏等特点以及循环神经网络容易产生梯度爆炸和梯度消失的问题，提出一个融合主题信息和Transformer的用户意图识别方法。通过将主题以及词向量相互融合并利用Transformer对特征信息进行编码表示，该方法在一定程度上解决

---

① Liu B，Lane I. Attention-based recurrent neural network models for joint intent detection and slot filling[C]//In：Processing the 17th Annual Conference of the International Speech Communication Association，San Francisco，CA，USA，September 8-12，2016. ISCA，2016：685-689.

了短文本的意图识别问题。叶铱雷等人针对实际应用领域中存在跨领域无关对话以及意图可能存在于多轮对话中的相关问题，提出一种任务型多轮对话模型来解决上述问题。该方法联合双向长短时记忆网络—条件随机场（Bidirectional Long Short–Term Memory–Conditional Random Fields，BiLSTM–CRF）和StarSpace对用户文本进行序列标注和意图识别，StarSpace根据实体集合之间的关系学习实体离散特征表示，将其嵌入向量空间并进行实体比较，通过联合多个模型解决多轮对话过程中的意图识别。

　　卷积神经网络最早用来解决图像领域的特征提取以及图片降维等问题。Yoon Kim[1]首次将卷积神经网络应用于文本分类任务中，该研究提出了四种不同的卷积神经网络模型，对文本分类任务产生了巨大的影响，其中Text-CNN模型结果如下图3-3所示。

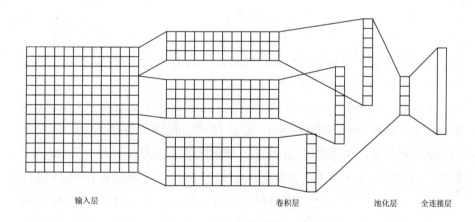

输入层　　　　　　　卷积层　　　池化层　　全连接层

图3-3　Text-CNN 网络框架图

　　一般模型包括四个部分，分别是输入层、卷积层、池化层和全连接层。输入层主要对句子进行向量化表示。卷积层实现对句子特征信息的提取，将经过向量化的矩阵 $X$ 作为卷积神经网络的输入，利用滤波器 $W$ 执行卷积操

① Yoon Kim. Convolutional Neural Networks for Sentence Classification[C]// EMNLP：2014 Conference on Empirical Methods in Natural Language Processing，October 25－29，2014.

作，提取句子的n-gram特征，如公式（3-11）所示：

$$c = f(W \cdot X + b) \qquad (3-11)$$

其中，$f(\cdot)$ 为非线性激活函数，    是滤波器，通过卷积层获取句子的特征图表示，如公式（3-12）所示。池化层的目的是对卷积层所获得的特征信息进行进一步的处理，即实现最具代表性特征的捕捉以及数据的降维、避免过拟合。常见的有最大池化（Max Pooling）和平均池化（Average Pooling），通过池化层获取深层次的意图文本特征信息，如公式（3-13）所示：

$$C = [c_1, c_2, ..., c_n] \qquad (3-12)$$

$$h = \max(C) \qquad (3-13)$$

其中，$C$ 是卷积层所获得的特征图信息，max 代表最大池化。全连接层将特征信息映射到类别标记中，起到分类的作用。

Wang等人[①]针对单一卷积神经网络无法提取意图文本上下文信息的问题，提出一种融合卷积神经网络和双向门控单元的字级别向量嵌入网络。该结构通过卷积神经网络提取意图特征，利用双向门控单元获取句子的上下文信息，通过融合多种特征信息对用户意图进行分类，与传统卷积神经网络或者单一双向门控单元相比，模型精度提升了1.4%。杨志明等人针对用户输入句子长度短、单一卷积神经网络无法充分捕捉到句子的特征和语义信息问题，采用一种双通道卷积神经网络算法。通过叠加卷积神经网络，将字级别和词级别的词向量传入不同层，利用字级别辅助词级别词向量获取更深层次的特征信息，如图3-4所示。

双通道卷积神经网络利用预训练词向量模型对句子进行字级别以及词级别编码获得句子的向量化表示。假设句子的长度为 $n$，词向量的维度为 $k$，

---

① Wang Y, Huang J, He T, et al. Dialogue intent classification with character-CNN-BGRU networks[J]. Multimedia Tools and Applications, 2020, 79（7）: 4553-4572.

$X_i$代表句子中的第$i$个词。卷积层中，采用不同尺寸卷积核提取深层次语义信息，句子经过卷积计算后，获得$n-k+1$个输出并通过多次操作生成特征图表示，如公式（3-14）所示：

$$Y = Y_{k1}, Y_{k2}, \cdots, Y_{k,n-k+1} \qquad （3-14）$$

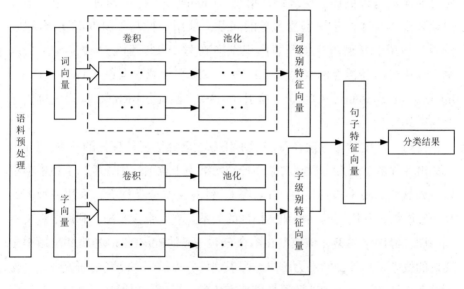

**图3-4　双通道卷积神经网络图**

利用最大池化操作对每个通道进行池化计算，同时将两个通道获取的特征进行组合，并将其输入到Softmax函数，其输出结果为意图的预测值，如公式（3-15）所示：

$$h_\theta(x^{(i)}) = \frac{1}{1 + e^{-(w_i^T Y + b_i)}} \qquad （3-15）$$

其中，$h_\theta(x^{(i)})$代表第$i$个样本的预测结果，$Y$为整合之后的特征向量。模型整体使用多值交叉熵代价函数来衡量模型损失，如公式（3-16）所示：

$$J(\theta) = -\frac{1}{m}\left[\sum_{i=1}^{m} y^{(i)}\log(h_\theta(x^{(i)})) + (1-y^{(i)})\log(1-h_\theta(x^{(i)}))\right] \quad （3-16）$$

　　Devlin等人[1]提出BERT语言模型。该模型进一步增加词向量的泛化能力，充分描述词级别、句级别关系特征，利用双向Transformers编码实现上下文相关，并通过MLM和NSP两种方法捕捉词级别和句级别的特征表示，使得词向量包含更加深层次特征信息。Chen等人[2]针对意图识别数据集稀缺导致模型对测试集识别能力差的问题，采用一种基于BERT的联合识别模型，利用语义槽填充提升意图识别准确率。该模型在SNIPS-NLU数据集上较传统循环神经网络提升了1.7%，在航空领域数据集（Airline Travel Information Systems，ATIS）上提升了4.9%，验证了BERT在口语理解任务上的有效性。

　　目前，深度学习方法在意图识别任务上已经取得了良好的效果。Liu等人提出一种基于注意力机制的循环神经网络用于意图识别任务，上述模型在航空领域数据集上表现良好。Yao等人[3]针对文本分类任务，采用一种图卷积神经网络，利用词的共现和文档词的关系建立一个文本图，利用语料文本训练图神经网络模型。该模型在多个分类任务的Benchmark数据集上取得了良好的效果，图神经网络为解决意图识别任务提供了一个新的研究方向。侯丽仙等人针对意图识别以及语义槽填充任务，提出一种增加门控机制、注意力机制以及条件随机场约束条件的双向长短时记忆网络的方法。该方法在航空信息领域数据集上的意图识别准确率为93.20%，可见将意图识别和语义槽填充任务联合识别的方法能在一定程度上提升意图识别的准确率。由此可

① Devlin J，Chang M，Lee K，et al. BERT：pre- training of deep bidirectional transformers for language understanding [J]. arXiv：1810.04805，2018.

② Chen Q，Zhuo Z，Wang W. Bert for joint intent classification and slot filling[J]. arXiv preprint arXiv：1902.10909，2019.

③ Yao L，Mao C S，Luo Y，et al. Graph convolutional networks for text classification[C]//Proceedings of the 2019 AAAI Conference on Artificial Intelligence，Hilton Hawaiian Village，Jan 27-Feb 1，2019：7370-7377.

见，深度学习的发展推动了意图识别任务的巨大进步，使得单意图识别的准确性较传统机器学习算法得到大幅的提升。

## 二、基于胶囊网络的单意图识别方法

意图识别可以被看作一种文本分类问题，旨在将用户的意图文本合理地分类到意图类别中。单意图识别任务主要针对只包含一种意图的用户意图文本进行研究，我们可以把它看作一项文本分类任务。根据目前的研究现状可以看出深度学习方法在意图识别任务上具有很好的优势，而胶囊网络是最新的深度学习方法，胶囊网络中的动态路由不仅可以保留意图语句中的完整特征信息，而且可以通过动态路由算法动态学习神经网络层之间的关系，使得提取到的特征进行语义融合后可以合理地分配到意图类别中，有助于意图识别性能的提升。

本章首先需要对用户的意图文本语句进行预处理，针对用户的中文意图文本，首先采用jieba分词工具进行分词处理得到词表，然后使用Word2Vec训练得到词语的词向量，进而将意图语句进行向量化表示，使其作为深度学习模型的输入向量。这里的英文数据本身词和词之间存在分隔，所以不需要进行分词处理，只需要将其词向量化然后表示成句子向量，就可以将其输入到模型中得到意图识别结果，如图3-5所示。

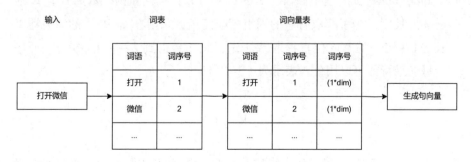

图3-5　句子向量表示过程

　　胶囊网络是卷积神经网络的一种改进，为了保证提取到的语义特征的丰富性，胶囊网络采用胶囊代替特征检测器。为了避免概率较小的语义特征被忽略，胶囊网络采用动态路由将下层特征胶囊合理地分配到高层特征胶囊上。本章主要采用胶囊网络进行单一意图识别，模型构建如图3-6所示：主要由输入层、卷积层、初级胶囊层和全连接胶囊层四个部分构成，为了完成单意图分类任务，本章主要采用胶囊网络中的动态路由将提取到的意图文本语义特征进行融合，使得这些语义特征被动态分配到合适的意图胶囊上。

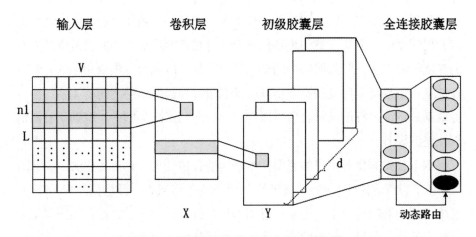

图3-6　基于胶囊网络的单意图识别模型

　　胶囊网络中的卷积层主要对意图文本进行特征提取，通过卷积操作提取句子的n-gram特征。这里假设句子的长度为 $L$ ，词向量的维数为 $V$ ，$n_1$ 为n-gram的长度，为了获取有序的词组搭配信息，采用 $W_1 \in R^{n_1 \times V}$ 的滤波器以步长为1在句子的不同位置提取特征，因此，会得到 $L-n_1+1$ 维的特征序列，每一维特征可以用公式表示为（3-17）：

$$a_1^1 = f(L_{n_1} \circ W_1 + b_1) \qquad （3-17）$$

其中，$a_1^1$ 表示卷积后得到的一维特征，$L_{n_1}$ 表示句子中长度为 $n_1$ 的词组向量矩阵，$b_1$ 表示偏置项，$f$ 是非线性激活函数，则 $a_1 \in R^{(L-n_1+1)\times 1}$。

如果采用 $X$ 个n-gram长度为 $n_1$ 的滤波器进行特征的提取，得到 $A \in R^{(L-n_1+1)\times X}$ 组合，即 $A = [a_1, a_2, ..., a_X]$。

所谓胶囊，是指一组向量神经元的集合，每个神经元表示意图文本中出现的某个特征的不同属性，如n-gram特征、单词或短语的位置信息、句子的语法特征等。由于胶囊中包含的信息比较丰富，所以用矢量输出胶囊代替CNN的标量输出特征检测器可以使句子的特征信息更加丰富。

初级胶囊层主要用于封装句子低级特征的各种属性，所以在卷积层上得到的低级特征中选取n-gram长度为1的词向量矩阵 $A_i (i = 1, 2, ..., L - n_1 + 1)$，为了封装每个词组的不同属性，采用 $d$ 种 $W_2 \in R^{1\times X}$ 的滤波器以步长为1将低级特征变换成一组初级特征胶囊，胶囊的维度为 $d$。每个胶囊特征中包含句子特征的多种属性，如词和短语的语法以及位置信息等。此时，就会得到 $L - n_1 + 1$ 个 $d$ 维的胶囊，即 $C_1 \in R^{(L-n_1+1)\times d}$，每一个胶囊的每一层可以用公式表示为（3-18）：

$$C_1^{ij} = f(A_i \circ W_2 + b_2) \tag{3-18}$$

其中，$ij$ 表示第 $i$ $(1 \le i \le L - n_1 + 1)$ 个胶囊的第 $j$ $(1 \le j \le d)$ 层，$b_2$ 表示偏置项，$f$ 是非线性激活函数，如果采用 $Y$ 个滤波器，则会得到 $(L - n_1 + 1) \times Y$ 个 $d$ 维的胶囊，即 $C = [C_1, C_2, ..., C_Y] \in R^{(L-n_1+1)\times Y\times d}$。

最后将初级胶囊层中得到的胶囊特征向量展开排列到胶囊列表中，同时输入全连接的胶囊层中，初级胶囊特征和意图胶囊之间通过矩阵变换得到初级胶囊的预测向量，同时利用动态路由算法计算每个初级特征胶囊对意图胶囊作用的结果，得到意图文本的最终胶囊以及它所属类别的概率。其中，意图胶囊层中的胶囊个数表示意图文本的类别数加孤立类别数，利用胶囊向量的模长表示意图存在的概率，胶囊向量的方向表示意图的类别属性。孤立类别（见图3-6中意图胶囊中的深色胶囊部分）用来表示与意图类别无关的信息以及未被训练成功的噪声胶囊。最后选取胶囊类别中出现概率最大的意图胶囊类别作为最终的识别结果。

本实验主要采用第七届全国社会媒体处理大会SMP2017中文人机对话技术评测提供的实验语料集的补充以及实验室自己收集的中文意图数据集和英文数据集SNIP-nlu进行实验，其中中文数据集共包含27种单一意图，共4039句，其中训练集有3423句，测试集有616句。英文数据集共包含7种单一意图，共13802句，其中训练集有11601句，测试集有2201句。部分单意图语料示例如表3-1所示：

表3-1　单意图语料示例

| 示例 | 意图 |
|---|---|
| 订后天从无锡到珠江的航班 | 订航班 |
| 给孟南发短信 | 发短信 |
| 查询恒光电影院即将上映的电影 | 查询电影 |
| 给我放一首最炫民族风 | 播放音乐 |
| 打电话给阿华 | 打电话 |
| play some sixties music | music |
| book a restaurant in liechtenstein for seven people | restaurant |
| will it snow in haigler bosnia and Herzegovina | weather |
| what films are showing at national amusements | movie |

实验软件平台使用Linux、PyCharm 2017、Anaconda3、Tensorflow 1.4、Python 3.6、H5py 2.7.1、Sklearn 0.19.1，硬件环境采用8G内存的计算机。在实验过程中对模型参数的要求很高，精确的模型参数设置有助于单意图识别性能的提升。本实验采用AdamOptimizer优化器，学习率为0.001，胶囊的维度设置为16。在胶囊网络的卷积操作中，首先需要将意图文本进行向量化表示，其中中文词向量设置为64维（$V=64$），英文词向量设置为300维（$V=300$），n-gram值取3，并且使用16个滤波器（即$X=16$）进行特征提取。在卷积层上为了对每个词组的同一位置的特征属性进行封装，n-gram值取1，同样使用16个滤波器（即$Y=16$）进行特征封装得到胶囊。最后的意

图胶囊个数分别取28和8，代表中文数据集有27种意图和1个孤立类别，英文数据集有7种意图和1个孤立类别。

目前，意图识别普遍被看作语义话语分类问题，因此采用文本分类器中常用的文本分类的评价指标对意图识别方法的性能进行评价。这里采用准确率（Accuracy）、精确率（Precision）、召回率（Recall）、F1值（F1-score）作为单意图识别性能结果的评价指标，计算公式如（3-19）~（3-22）：

$$Accuracy = \frac{TP + TN}{TP + TN + FP + FN} \tag{3-19}$$

$$Precision = \frac{TP}{TP + FP} \tag{3-20}$$

$$Recall = \frac{TP}{TP + FN} \tag{3-21}$$

$$F1-score = \frac{2 \times Precision \times Recall}{Precision + Recall} \tag{3-22}$$

其中，TP（True Positive）表示真阳性，即A类（打开App）的样本被正确分配到A类中，TN（True Negative）表示真阴性，即不属于A类的样本被正确分配到A类以外的其他类，FP（False Positive）表示假阳性，即不属于A类的样本被错误分配到A类中，FN（False Negative）表示假阴性，即属于A类的样本被错误分配到A类以外的其他类中，如表3-2所示。

表3-2 TP、FN、FP、TN 的具体说明

| | A类样本 | 其他类样本 |
| --- | --- | --- |
| 在A类中检索到 | TP（True Positive） | FP（False Positive） |
| 在其他类中检索到 | FN（False Negative） | TN（True Negative） |

本章主要采用胶囊网络进行单意图识别，通过与CNN、LSTM、BiGRU以及深度组合模型CNNBiGRU进行对比，突出胶囊网络的优势，实验结果性能对比如表3-3所示：

表3-3　各种模型的单意图识别性能结果对比

| 模型 | 中文数据集 | | | | 英文数据集 | | | |
|------|-----------|---|---|---|-----------|---|---|---|
| | Accuracy | Precision | Recall | F1 | Accuracy | Precision | Recall | F1 |
| SVM | 0.877 | 0.871 | 0.841 | 0.845 | 0.964 | 0.846 | 0.845 | 0.845 |
| CNN | 0.810 | 0.773 | 0.789 | 0.775 | 0.953 | 0.834 | 0.834 | 0.833 |
| LSTM | 0.830 | 0.841 | 0.795 | 0.808 | 0.959 | 0.844 | 0.845 | 0.844 |
| BiGRU | 0.838 | 0.833 | 0.793 | 0.807 | 0.967 | 0.849 | 0.848 | 0.848 |
| CNNBiGRU | 0.854 | 0.847 | 0.821 | 0.830 | 0.974 | 0.853 | 0.853 | 0.853 |
| Capsule | 0.913 | 0.897 | 0.883 | 0.886 | 0.984 | 0.862 | 0.861 | 0.861 |

从表3-3可以看出，SVM在中英文数据集上的准确率虽然不错，但是传统的机器学习方法需要人工精确地提取用户意图文本的特征信息，不仅费时费力，而且不能很好地提取到句子中的深层次语义信息，不利于大型数据集的研究；卷积神经网络虽然可以提取到句子中的深层次语义信息，但是网络中的最大池化操作不能保留出现概率较小的语义特征，不能完全利用句子中的各种属性特征，导致整体效果较差；LSTM和BiGRU虽然对用户意图文本具有记忆的能力，可以保留句子中的时序关系，但是不能找到句子中的关键语义信息，不能动态处理神经网络层之间的关系，但实际效果优于CNN。而CNN-BiGRU组合模型不仅结合了CNN可以提取到句子中的深层次语义信息的优势而且结合了LSTM对句子具有记忆能力的特性，可以有效地提高意图识别性能，但组合模型结构较为复杂，训练时间较长，需要大量的训练数据才可以得到很好的效果。而胶囊网络不仅可以提取到句子中的有效特征信息，而且可以保留句子中的小概率特征信息，同时还可以利用动态路由算法合理地将低层特征胶囊分配到高层特征胶囊上，完全利用句子中的属性特征，将有用的特征通过动态路由分配更大的权重给意图胶囊类别，从而提高单一意图的识别性能结果。

胶囊网络中的动态路由迭代次数同样会影响意图识别最终的性能结果，这里主要探究在单一意图识别任务中，路由迭代次数分别为2、3、4得到的意图识别性能结果，如表3-4所示。

表3-4 单意图识别中不同路由迭代次数得到的性能结果

| 迭代次数 | 中文数据集 | | | | 英文数据集 | | | |
|---|---|---|---|---|---|---|---|---|
| | Accuracy | Precision | Recall | F1 | Accuracy | Precision | Recall | F1 |
| 2 | 0.855 | 0.855 | 0.837 | 0.838 | 0.975 | 0.854 | 0.854 | 0.854 |
| 3 | 0.913 | 0.897 | 0.883 | 0.886 | 0.984 | 0.862 | 0.861 | 0.861 |
| 4 | 0.895 | 0.895 | 0.869 | 0.877 | 0.965 | 0.846 | 0.846 | 0.846 |

实验结果表明，在单一意图识别任务中，初级胶囊层中的特征胶囊与意图胶囊类别之间的关系运算是由动态路由决定的，而路由迭代次数会影响单一意图识别的性能效果。动态路由迭代3次的效果最好，因为迭代2次不能充分将初级特征胶囊与意图胶囊动态连接，没有找到初级特征胶囊和意图胶囊之间的最佳路由关系，使得性能较差。而迭代4次不仅需要花费更长的时间，而且容易造成过拟合，导致识别性能降低。

本节主要介绍了单一意图识别任务的主要思想，并利用胶囊网络构造单一意图分类器完成单意图识别任务。首先需要对意图文本进行向量化表示，然后进行特征提取，将得到的同一词组的同一位置的不同特征属性进行封装得到胶囊，便于丰富特征信息，最后利用胶囊网络中的动态路由算法实现初级特征胶囊到意图胶囊的合理动态分配，通过利用句子中的完整特征信息，从而提升意图识别的性能。通过采用胶囊网络与其他深度学习模型进行对比分析，得到胶囊网络在单一意图识别任务上具有很好的性能效果。由于胶囊网络可以避免卷积神经网络的弊端，而且胶囊网络中的动态路由可以动态学习神经网络层之间的关系并且适用于小型数据集，所以胶囊网络比其他深度神经网络在单意图识别任务上的效果更好。在动态路由迭代过程中，迭代次数为3时，单意图识别的性能效果最好。

# 第二节　多意图识别

## 一、传统的多意图识别方法

多意图识别任务是指用户输入的文本信息中不仅包括一种意图类别，有可能包括多种意图种类。例如，用户输入"查询天津到长沙的行车路线以及今天长沙的天气状况"，其意图类别为"查询路线、查询天气"。多意图识别任务已经成为当前对话系统中口语理解问题的难点之一。多意图识别类似于多标签分类，多标签分类方法主要有基于数据集转换的策略和基于算法适应的策略。基于数据集转换的策略需要将多标签数据集转换为单标签数据集，然后采用分类器实现分类任务。基于算法适应的策略是通过调整原有的分类算法来适应多标签分类任务。常用的方法有多标签朴素贝叶斯、多标签K-最近邻和多标签AdaBoost等，这些方法比基于数据集变换的方法运行速度更快，但这些方法都会导致数据不平衡。

多意图分类又不同于多标签分类，在意图文本中，意图类别之间一般没有太大联系。针对多意图识别任务，Xu等人[1]采用对数线性模型并利用不同意图组合之间的共享意图信息进行多意图识别，但是针对大量的意图组合则会出现数据稀疏问题。Kim等人[2]提出一种基于单意图标记训练数据的多意图识别系统。他将句子看作三种类型，单意图语句、带连词的多意图语句和不带连词的多意图语句，然后采用两阶段法实现多意图识别，如图3-7所示。该研究将用户意图文本含有的意图数量最多限制为两种，如果第一阶段

① Puyang Xu，Ruhi Sarikaya. Exploiting Shared Information for Multi-intent Natural Language Sentence Classification[C]//In Proceedings of the 14th Annual Conference of the International Speech Communication Association，Lyon，France，August 25-29，2013. ISCA，2013：3785-3789.

② Kim B，Ryu S，Gary G L. Two-stage multi-intent detection for spoken language understanding[J]. Multimedia Tools and Applications，2017，76（9）：1137-11390.

识别出的意图种类少于两种，则执行第二阶段，如果第二阶段识别出的意图种类同样少于两种，则进行单意图识别。第一阶段，该系统根据输入句子中的连词生成多意图假设集合 $H$，其中一个多意图假设 $h \in H$，可以表示为 $< h_{left}, h_{conj}, h_{right} >$，$h_{left}$ 表示连词左侧的子句，$h_{conj}$ 表示连接词，$h_{right}$ 表示连词右侧的子句。然后采用最大熵模型对假设进行评估，选取满足特定条件的最优假设。第二阶段，系统对输入的句子进行顺序标注和意图标记，采用线性链条件随机场（Conditional Random Fields，CRF）分类器进行意图识别。实验结果表明采用两阶段法实现多意图识别的性能优于单阶段方法，但限定只能识别两种意图。

随着深度学习的发展，利用深度神经网络的多标签分类方法被不断研究，Chen等人[1]通过结合CNN和RNN实现文本的多标签分类问题。Wehrmann等人[2]提出一种基于概要的多标签电影类型分类方法SAS-MC，通过将自注意力机制连接到卷积层后或直接连接到输入的词向量后实现多标签电影类型分类，在最大电影类型数据集（LMTD）中，该方法优于其他最好的神经网络的分类方法。徐晓璐针对传统的多标签分类方法无法对数据的不平衡问题进行处理，而RNN存在梯度消失或梯度爆炸的问题，提出使用长短时记忆网络对文本进行特征提取，并利用门控循环单元模型进一步提取特征，同时利用构建的标签树对短文本进行多标签分类。刘心惠等人利用多头注意力机制处理单词权重分配，然后采用胶囊网络和Bi-LSTM分别进行特征提取，通过平均融合特征进行多标签文本分类，将不同层次的文本特征合理利用提升分类性能。李德玉等人针对文本情绪多标签分类任务，利用标签特征增强标签

[1] Guibin Chen, Deheng Ye, Zhenchang Xing. et al. Ensemble application of convolutional and recurrent neural networks for multi-label text categorization[C]// In: Proceedings of the 2017 International Joint Conference on Neural Networks. Anchorage, AK, USA, May 14-19, 2017. NJ: IEEE, 2017: 2377-2383.

[2] Jônatas Wehrmann, Maur'ıcio A.Lopes, Rodrigo C.Barros. Self-Attention for Synopsis-Based Multi-Label Movie Genre Classification[C]// In: Proceedings of the Thirty-First International Florida Artificial Intelligence Research Society Conference, Melbourne, Florida, USA, May 21-23 2018. AAAI, 2018: 236-241.

和文本情绪的关系，采用卷积神经网络进行多标签分类，提升分类性能。牟甲鹏等人针对标签之间的相关性问题，在类属属性（每个特征都有自己的特性）的空间中附加相关标签来引入标签相关性从而提升多分类算法性能。

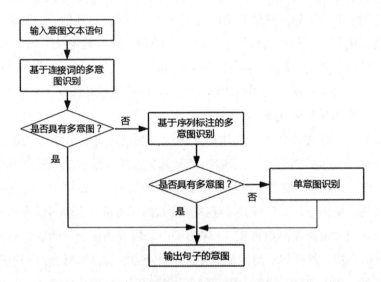

图3-7　传统的多意图识别方法流程图

　　针对多意图识别任务，杨春妮等人对用户意图文本进行依存句法分析以确定其是否包含多种意图，利用词频—逆文档频率（Term Frequency-Inverse Document Frequency，TF-IDF）和训练好的词向量计算矩阵距离确定意图的数量，将句法特征和CNN结合进行意图分类，最终判别用户的多种意图。该方法在10种类别的多意图识别任务中取得不错的效果，但是该方法依赖于句法结构特征。而基于深度学习的多意图识别研究仍然比较少，所以这是值得我们研究的方向。

　　杨志明等人提出一种深度学习算法以解决多轮对话中可能存在多意图识别问题。通过对用户输入文本进行预处理，包括数据清洗、分词以及编码等。构建两层深度学习模型，第一层为二分类模型，第二层为多分类模型，通过深度学习和双层分类模型的结合，提取上下文语境和语义信息用来识别用户意图，该方法在二分类以及多分类的意图识别准确率分别达到94.81%

和93.49%。郭云雪等人提出一种基于多头注意力机制和特征融合的多意图识别方法。该方法由向量化表示、多头注意力机制、特征提取、特征融合和意图识别五个部分组成。为了有效提高多意图识别的准确性，使用多头注意力机制对文本中影响意图识别的词语进行权重学习，增强多意图识别的正确率。多头注意力机制如图3-8所示：

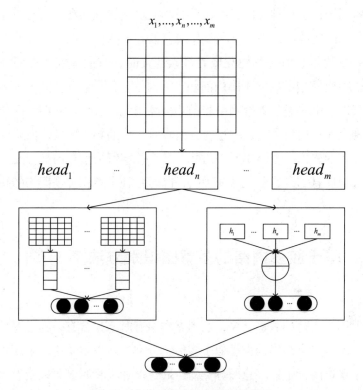

$$x_1, ..., x_n, ..., x_m$$

图3-8　多头注意力机制网络架构图

多头注意力机制是对句子向量进行多次注意力机制的计算，每次执行相对独立，最后将多次操作进行合并处理。首先对 $Q, K, V$ 进行线性变换，其次将其输入到放缩点进行点积注意力计算，通过多次计算将结果依次拼接，最后将获得的注意力矩阵进行线性变换获得多头注意力结果，如公式（3-23）~（3-25）所示：

$$Attention(Q,K,V) = soft\max(\frac{QK^T}{\sqrt{d_k}})V \qquad （3-23）$$

$$head_i = Attention(QW_i^Q, KW_i^K, VW_i^V) \qquad （3-24）$$

$$Multi-Head(Q,K,V) = (head_1 \oplus head_2 \oplus \cdots \oplus head_n) \qquad （3-25）$$

众所周知，卷积神经网络中最重要的模块是卷积层和池化层。通常情况下，卷积神经网络不会考虑卷积操作所获取到的特征情况，因此，在利用池化层对特征表示进行平均池化或者最大池化时，可能导致丢失部分关键特征，随之引起模型准确率下降的问题。针对上述问题，辛顿（Hinton）提出胶囊网络用来解决卷积神经网络和循环神经网络的表征局限性，一个胶囊包含一组神经元的向量表示，向量的方向表示实体的相关属性，向量的长度表示实体存在的概率。胶囊单元中封装了多个关键特征信息的神经元，如位置信息、方向信息等，避免了特征丢失，同时弥补了卷积神经网络的缺陷。

## 二、基于胶囊网络的多意图识别方法

随着用户表达的需求增多，意图文本中有时不只含有一种意图，而是含有多种意图，多意图识别也类似于多标签分类，所以本章主要采用胶囊网络构造基于单意图标记的多意图分类器，通过增加卷积胶囊层以及卷积核种类提升多意图分类性能。

假设带有标记的数据集记为 $\{(S,L)\}$，其中 $S$ 表示样本集合，$S_i$ 是数据集中的一个样本，$L$ 表示样本所对应的意图标签的集合，记为 $L = \{l_1, l_2, ..., l_n\}$。如果 $S_i$ 对应 $L$ 集合中的两个或两个以上的标签，则说明一个句子中同时含有两种或两种以上的意图，这样的语句可以称为多意图文本。在多意图文本中，如果可以同时识别出两种或两种以上的意图称为多意图识别问题。

本章同样需要对用户话语进行预处理，然后将句子表示成句子向量输入到多意图识别模型中完成多意图识别任务。模型结构如图3-9所示，主要分为四层:第一层为卷积层,用于提取句子中的n-gram特征;第二层为初级胶囊层,用于封装句子中某个词组的同一位置的各种属性特征;第三层为卷积胶囊层,用于提取句子中的高层次语义信息,提高特征质量;第四层为全连接胶囊层,将卷积胶囊层得到的高层次语义特征胶囊进行整合,使其包含输入句子的所有组合特征信息,如语法、语义和位置等信息,进而完成意图分类,同时在意图胶囊类别中增加孤立胶囊(见图3-9中意图胶囊中的深色胶囊部分)用于处理与意图类别无关的特征信息,避免影响其他意图种类的识别。

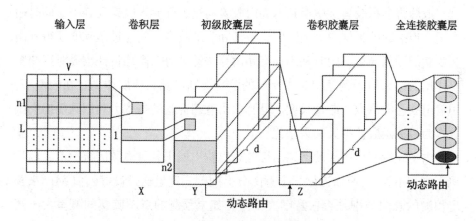

**图3-9 增加卷积胶囊层的胶囊网络模型**

为了得到更深层次的语义信息,保证特征信息的质量,这里采用卷积的方法对初级胶囊特征做卷积处理,选取n-gram长度为 $n_2$ 的低层胶囊( $n_2 = 3$ ),采用d种 $W_3 \in n_2 \times Y \times d$ 的滤波器以步长为1对初级胶囊特征再次进行卷积操作,将 $n_2 \times Y$ 个低层胶囊(见图3-9中初级胶囊层的深色部分)记为 $u_i$ ,Z为高层胶囊的数量(相当于有Z个滤波器)。为了学习低层特征胶囊和高层特征胶囊之间的关系,首先需要得到低层特征胶囊对高层特征胶囊的预测向量 $u_{j|i}$ ,同时利用动态路由算法生成高层特征胶囊 $s_j$ ,最后得到 $(L-n_1-n_2+2)\times Z$ 个 $d$ 维的高层胶囊,如图3-10所示。

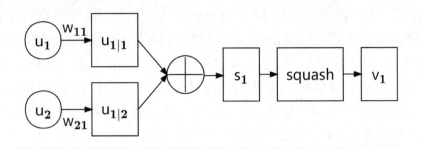

图3-10　胶囊网络之间的计算过程图

　　最后将卷积胶囊层中得到的高层胶囊向量展开放入胶囊列表中，同时输入到全连接的胶囊层中，高层胶囊特征和意图胶囊之间通过矩阵变换得到高层胶囊的预测向量，同时利用动态路由算法计算每个高层特征胶囊对意图胶囊作用的结果，得到意图文本所属的胶囊类别以及它所属类别存在的概率。用输出胶囊的范数（向量长度）计算输出意图标签的概率，利用间隔损失函数作为目标函数使损失和最小化。

　　由于胶囊网络中的动态路由算法可以输出属于各种意图的概率值，而且概率之和不为1，所以适用于多意图分类问题。这里通过设置阈值为0.5来判定预测的意图类别是否在意图文本中，如果预测的意图胶囊的概率大于阈值，则说明该意图文本中含有该意图类别，如果预测的意图胶囊的概率小于阈值，则说明该意图文本中不包含该意图类别。

　　由于句子中的不同词组搭配含有不同的含义，这里通过在增加卷积胶囊层的胶囊网络上增加不同卷积核提取句子中不同词组搭配的特征信息。如图3-11所示，模型在初始进行卷积操作时，分别使用 $2 \times V$，$3 \times V$，$4 \times V$ 的滤波器进行特征提取，然后分别进行初级胶囊层的特征封装以及卷积胶囊层的卷积操作，最后分别采用动态路由算法进行多意图分类。同样在最后的胶囊类别中增加孤立胶囊用于处理与意图类别无关的信息以及噪声胶囊，从而提升多意图识别性能。本章通过使用不同卷积核得到不同词组搭配的特征信息，便于探究不同卷积核对多意图识别性能结果的影响程度。

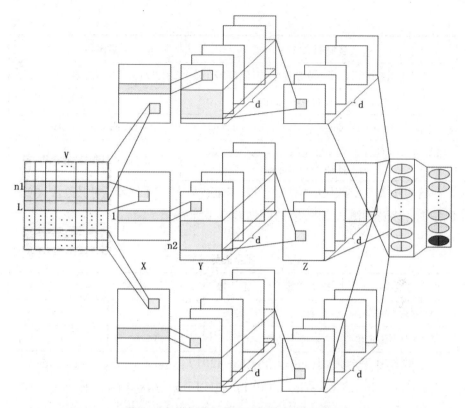

图3-11　增加不同卷积核的胶囊网络模型

本实验采用第七届全国社会媒体处理大会SMP2017中文人机对话技术评测提供的实验语料的补充以及英文数据集SNIP-nlu，其中中文数据集共包含27种单一意图，共4039句，英文数据集共包含7种意图，共13802句。本章主要利用以上数据中的27种单一意图标签收集每句话中含有其2种或3种意图的多意图文本测试集，其中中文多意图测试集共收集445句，英文多意图测试集共收集610句，部分多意图语料示例如表3-5所示：

表3-5　中英文多意图测试集实例

| 多意图文本 | 意图类别 |
|---|---|
| 查一下大同的天气并预订上海到大同的机票 | 查询天气、预订机票 |
| 元宵节还有几个星期，汤圆怎么做？ | 询问日期、询问菜谱 |

续表

| 多意图文本 | 意图类别 |
|---|---|
| 帮我打开微信并预订一张火车票再查一下北京的天气 | 打开App、预订火车票、查询天气 |
| play pop and add to my playlist | Music，playlist |
| What's the weather in la pine i want to find a restaurant | Weather，restaurant |
| find a book called follow me and show song black heart white soul and add to my playlist | Book，music，playlist |

这里主要针对较短的用户意图文本进行研究，每个句子中仅包含2种或3种意图，多意图测试集的统计数据如表3-6所示：

表3-6 多意图测试集描述

| 数据集 | 样本个数 | 标签个数 | 句子平均长度 | 平均标签个数 |
|---|---|---|---|---|
| 中文多意图测试集 | 445 | 27 | 21.5 | 1.5 |
| 英文多意图测试集 | 610 | 7 | 13.5 | 1.5 |

实验软件平台使用Linux、PyCharm2017、Anaconda3、Tensorflow1.4、Python3.6、H5py2.7.1、Sklearn0.19.1，硬件环境采用8G内存的计算机。本实验采用AdamOptimize优化算法模型，学习率为0.001，胶囊的维度设置为16。在增加卷积胶囊层的胶囊网络中，首先需要将意图文本进行向量化表示，其中中文词向量设置为64维（$V=64$），英文词向量设置为300维（$V=300$），其次对初级特征胶囊进行卷积操作时，通过使用16个滤波器（$Z=16$）进行深层次特征提取，从而保证意图文本的特征质量。

多意图识别任务不同于单意图识别任务，它需要考虑意图文本中存在的多个意图标签，所以在多意图识别任务中，需要思考不同标签对意图文本分类的影响。采用宏平均精确度（Macro_P），宏平均召回率（Macro_R），宏平均F1值（Macro_F）作为多意图识别性能结果的评价指标。宏平均指的是所有类别性能的算术平均值。$n$表示类别数，$i$表示每一种类别，计算公式如（3-26）~（3-28）所示。

$$Macro\_P = \frac{1}{n}\sum_{i=1}^{n} P_i \qquad (3-26)$$

$$Macro\_R = \frac{1}{n}\sum_{i=1}^{n} R_i \qquad (3\text{-}27)$$

$$Macro\_F = \frac{1}{n}\sum_{i=1}^{n} F_i \qquad (3\text{-}28)$$

这里采用CNN、胶囊网络和增加卷积胶囊层的胶囊网络（CapsNets+
Conv）分别在中文和英文数据集上对用户的多意图文本进行实验，同时在增
加卷积胶囊层的胶囊网络上增加卷积核种类探究不同卷积核对多意图识别性
能结果的影响，各模型性能结果如表3-7所示：

表3-7　各种模型在数据集上的多意图识别性能结果对比

| 模型 | 中文数据集 | | | 英文数据集 | | |
|---|---|---|---|---|---|---|
| | Macro_P | Macro_R | Macro_F | Macro_P | Macro_R | Macro_F |
| CNN | 0.517 | 0.313 | 0.377 | 0.940 | 0.514 | 0.649 |
| Capsule | 0.746 | 0.704 | 0.681 | 0.958 | 0.841 | 0.876 |
| 2gram_CapsNets+Conv | 0.684 | 0.653 | 0.637 | 0.983 | 0.901 | 0.927 |
| 3gram_CapsNets+Conv | 0.815 | 0.785 | 0.773 | 0.992 | 0.925 | 0.947 |
| 4gram_CapsNets+Conv | 0.762 | 0.650 | 0.668 | 0.969 | 0.843 | 0.884 |

实验结果表明，在多意图识别任务中，胶囊网络优于CNN，因为CNN中
的池化操作只能提取句子中最显著的语义特征或平均语义特征，忽略了有
助于句子分析但出现概率较小的语义信息，而且CNN在训练过程中需要大量
的语料数据。而胶囊网络将CNN的标量输出用矢量胶囊代替，使得句子中的
属性特征信息更加丰富。同时胶囊网络中的动态路由可以将句子中的属性特
征动态分配到意图类别中，保留了句子中的全部语义特征，有助于提升性能
效果，同时胶囊网络适用于小型数据集，具有更好的拟合特征的能力。为了
提升意图文本特征的质量，获取更具有意图类别特性的语义信息，这里通过
增加卷积胶囊层提取句子中的深层次语义信息，使得最终提取到的特征包含
句子中的所有高层次特征信息，如词组、语序、语法和语义等信息，有助于
多种意图的识别，同时胶囊网络中的动态路由可以将提取到的完整语义特征

动态分配到意图类别中，有助于完成多意图识别任务。不同的n-gram值可以提取到意图语句的不同词组搭配，其中n-gram值取3时，可以得到更好的词组搭配，得到的多意图识别性能最好。虽然相对于CNN和胶囊网络，增加卷积胶囊层的胶囊网络的实验参数有所增加，实验过程需要的时间较长，但n-gram值取3时，实验结果性能均好于CNN和胶囊网络。相比于胶囊网络，n-gram值取3时，增加卷积胶囊层的胶囊网络在中英文数据集上的宏平均F1值分别提升9.2%和7.1%。

胶囊之间的关系运算往往由动态路由决定，初级胶囊层和卷积胶囊层之间的路由迭代次数以及卷积胶囊层和意图胶囊之间的路由迭代次数都会影响最终的多意图识别性能结果。第一次动态路由通过不断迭代动态学习初级特征胶囊与高层特征胶囊之间的关系，充分进行语义搭配。第二次动态路由可以将各种属性特征融合后作用于意图胶囊类别，从而完成多意图分类。不同的路由迭代次数都会影响多意图识别的性能结果，在第一次和第二次动态路由过程中分别使用2、3、4的迭代次数在中文数据集上和英文数据集上进行实验，实验结果如表3-8所示：

表3-8　两次不同迭代次数得到的多意图识别性能结果

| 不同迭代次数 | 中文数据集 | | | 英文数据集 | | |
|---|---|---|---|---|---|---|
| | Macro_P | Macro_R | Macro_F | Macro_P | Macro_R | Macro_F |
| 2，2 | 0.673 | 0.559 | 0.570 | 0.992 | 0.891 | 0.925 |
| 2，3 | 0.747 | 0.750 | 0.718 | 0.975 | 0.899 | 0.923 |
| 2，4 | 0.724 | 0.679 | 0.674 | 0.983 | 0.856 | 0.898 |
| 3，2 | 0.549 | 0.646 | 0.530 | 0.989 | 0.912 | 0.938 |
| 3，3 | 0.815 | 0.785 | 0.773 | 0.992 | 0.925 | 0.947 |
| 3，4 | 0.726 | 0.736 | 0.694 | 0.978 | 0.906 | 0.930 |
| 4，2 | 0.688 | 0.653 | 0.657 | 0.988 | 0.916 | 0.939 |
| 4，3 | 0.699 | 0.680 | 0.668 | 0.987 | 0.919 | 0.941 |
| 4，4 | 0.655 | 0.635 | 0.626 | 0.973 | 0.905 | 0.927 |

实验结果表明，在第一次和第二次动态路由过程中，动态路由迭代3次的效果最好。从表3-8可以看出，当第一次迭代2次的时候，第二次迭代3次

的效果较第二次迭代2次和4次的效果好，因为迭代2次不能充分将初级特征胶囊与高层特征胶囊动态连接，没有找到初级特征胶囊和高层特征胶囊之间的最佳路由关系。迭代4次容易造成过拟合，使得性能较差，影响第二次路由效果。当第一次迭代4次，第二次迭代3次的效果相比于第二次迭代2次和4次的效果好，因为迭代2次不能更好地将高层特征胶囊动态分配到意图胶囊中，迭代4次不仅需要花费更长的时间，而且容易造成过拟合，会影响下一次路由的效果。所以这里在第一次和第二次的动态路由过程中，都迭代3次进行多意图识别研究。

在胶囊网络模型中，多种意图存在的概率往往取决于阈值的设定，这里主要分析阈值分别取0.4、0.5、0.6、0.7得到的多意图识别性能结果。图3-12为中文数据集中不同阈值得到的多意图识别性能结果，图3-13为英文数据集中不同阈值得到的多意图识别性能结果。结果表明在中英文数据集中，阈值取0.5时，多意图识别的宏平均准确率，宏平均召回率和宏平均F1值均取得最高值，因为阈值太大或太小都会使与意图类别相关的意图文本不能正确分类到相应的意图标签中。所以这里通过设置阈值为0.5进行多意图分类，使得多意图识别性能效果更好。

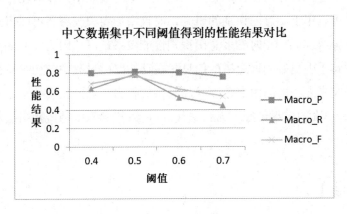

图3-12　中文数据集中不同阈值得到的性能结果对比

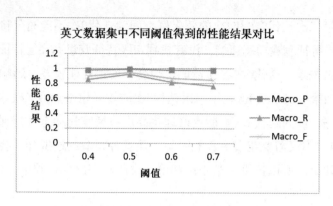

图3-13　英文数据集中不同阈值得到的性能结果对比

　　考虑到多意图数据的稀缺问题，本章主要利用胶囊网络构造基于单意图标记的多意图分类器对用户表达的多种意图进行识别。一方面为了保证特征质量，本章通过在胶囊网络上增加卷积胶囊层提取意图文本中各种属性的深层次语义特征，从而提升多意图识别性能；另一方面在提取特征时，分别采用2、3、4的n-gram值进行特征提取，将句子中的不同词语的组合信息提取出来，探究不同卷积核对多意图识别性能的影响程度。将增加卷积胶囊层的胶囊网络与卷积神经网络在多意图识别任务上的性能结果作对比，结果表明胶囊网络可以用于多意图识别的研究，而且增加卷积胶囊层可以得到更好的语义特征，n-gram值取3时的多意图识别性能效果最好，因为n-gram值取3时，可以得到句子中更好的词组搭配信息。在动态路由过程中，初级特征胶囊与高级特征胶囊之间的路由次数以及高级特征胶囊与意图胶囊类别之间的路由次数都迭代3次的效果最好，因为迭代3次可以找到深度神经网络层中的最佳路由关系。

## 【小结】

　　本章主要介绍了人机对话系统中意图识别任务涉及的相关工作，主要包含单意图识别和多意图识别。在单意图识别任务和多意图识别任务中分别介绍了传统的机器学习方法和各种深度学习方法的优缺点。传统的机器学习方法需要人为提取特征，费时费力，而且不能提取到意图文本中的深层次语义信息。CNN可以提取到句子中的局部语义特征，LSTM对较长的句子具有记忆功能，而深度学习组合模型可以结合不同模型的优势获得更好的结果，但这些深度学习网络需要大量的训练数据才可以得到很好的效果。而胶囊网络不仅可以得到句子中的全部特征信息，而且在小型数据集上就可以得到很好的训练效果。所以本章通过介绍用于单意图识别任务和多意图识别任务的各种方法的优缺点，进一步证实了胶囊网络的优势。

# 第四章　迁移学习在意图识别中的应用

对话系统的构建需要大量已标注数据作为训练样本。当需要构建新领域对话系统时，通常只有少量已标注数据和其他未标注数据。使用传统有监督的学习方法很难在这些数据上获得理想的效果，而已构建完成的相关领域对话系统含有大量已标注数据以及效果较好的模型。迁移学习可以将已有的对话系统模型和数据迁移至新领域，完成对新领域对话系统的构建。本章主要介绍利用基于对抗和分布的意图识别方法完成对新领域对话系统中意图识别模型的构建，并对两种迁移学习在意图识别任务中的应用进行探索实验。

## 第一节　基于对抗的意图识别

### 一、跨领域的意图识别问题

使用领域适应方法解决的意图识别问题，其目的是识别目标领域的用户意图。目标领域已标注的数据相对较少，而在其相似领域中，存在已构建完成的对话系统模型以及大量已标注数据样本，在这个前提下，可以利用领域适应相关方法解决目标域的意图识别任务。

具体地，给定源域的数据 $D_S$，其包含大量已标注意图标签的数据样本 $X_S^l = \{(x_i^s, y_i^s)\}_{i=1}^{N_S^l}$。对于目标域 $D_T$，其包含少量已标注意图标签的数据样本，同时包含一些未标注意图标签的样本，且未标注样本的意图类别范围已经确定。其中 $x_i$ 表示用户的输入文本，$y_i$ 表示用户输入文本的意图标签。这里主要研究单意图识别问题。

## 二、对抗训练方法

针对所提出的目标域只包含少量已标注数据的意图识别问题，本章提出一种基于对抗的意图识别方法。本小节首先介绍基于对抗的意图识别方法整体框架，然后详细介绍该框架的重点模块。

基于对抗的意图识别方法包括五个部分：输入层、特征提取器、意图识别器、梯度反转层和领域判别器。输入层为意图文本转换为文本向量化的模块，特征提取器完成对源域和目标域意图文本的特征提取，意图识别器利用源域数据训练性能良好的意图分类器，梯度反转层实现梯度反转完成对抗，领域判别器利用胶囊网络完成对领域的分类。这里的主要思想是利用对抗训练学习域不变特征，达到领域适应的目的。首先，通过梯度反转层实现特征提取器和领域判别器之间的对抗训练，完成对公共特征空间的学习，即在反向传播时，从领域判别器传入特征提取器的梯度乘以一个负值，导致其训练效果相反，进而达到对抗的目的。其次，利用源域数据训练一个性能良好的意图识别器。最后，利用该公共特征空间对目标域意图文本进行特征提取并输入意图识别器完成意图识别。接下来的小节中，将对该模型框架的主要部分进行详细的说明，如图4-1所示：

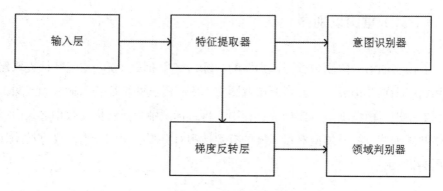

图4-1　基于对抗的意图识别网络框架图

## （一）特征提取器

特征提取器的主要作用是提取用户的意图文本特征，并且最大程度地将来自源域和目标域的特征信息进行混淆，使其所学习到的特征信息无法区分领域来源，即完成域不变特征的学习。特征提取器利用卷积神经网络对用户意图文本表示进行特征提取，其包括两个阶段的训练：第一阶段，训练的数据仅有源域，将经过特征提取后的特征表示输入意图识别器；第二阶段，数据由源域和目标域组成，将经过特征提取后的特征表示反馈给领域判别器。

利用卷积神经网络对文本的句子进行特征提取，每个句子经过预处理得到一个标准化形式：$s = R^{x \times K}$，这里 $x$ 代表标准化后句子的长度，$K$ 代表预训练词向量的维度。通过不同维度（$i = [3,4,5]$）的滤波器对原始句子进行 n-gram 特征提取，如公式（4-1）所示：

$$h = f\left(x_{1:i+1} \cdot W + b\right) \tag{4-1}$$

其中，$f(\cdot)$ 代表非线性激活函数，$W$ 代表滤波器，　代表偏置项，$i$ 代表滤波器的窗口大小。

## （二）意图识别器

模型的第一阶段为意图识别器的训练，整个阶段由输入层、特征提取器和意图识别器构成。通过将源域意图文本所获取到的特征表示输入到意图识别器中进行模型训练。在训练过程中，将目标域中少量已标注数据加入源域中共同训练，提升模型对目标域的有效性和对意图的识别能力。模型结构如图4-2所示：

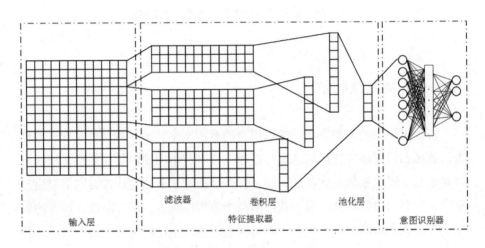

滤波器　　　　卷积层　　　　池化层

输入层　　　　　　　特征提取器　　　　　　　意图识别器

**图4-2　意图识别器训练框架图**

意图识别器由一个普通的分类器模型构成，源域的特征表示作为输入，通过全连接层将特征提取器中所获取的特征表示展开，将特征表示转换成一个长度为C的向量，其中C表示意图类别的个数。通过Softmax激活函数计算每个类别的概率，如公式（4-2）所示：

$$y = soft\max(W \cdot h + b) \tag{4-2}$$

其中，$y$表示源域中每个意图类别的概率。意图识别器的损失函数为交叉熵损失函数，如公式（4-3）所示：

$$L_c\Big(G_y\big(G_f(x_i)\big),y_i\Big)=-\sum_x\big(p(x)\log q(x)\big) \qquad (4\text{-}3)$$

其中，$x_i$ 表示源域输入，$G_f$ 表示特征提取器，$G_y$ 表示意图识别器，$y_i$ 表示源域的意图标签。

### （三）梯度反转层

传统的反向传播过程会同时优化两个部分，无法实现特征提取器和领域判别器的对抗训练过程。因此，将梯度反转层引入特征提取器和领域判别器之间，目的是将判别器传入提取器的梯度进行反向，从而实现两个部分对抗训练的效果。

2014年，Ganin等人[①]首次将梯度反转层引入到神经网络中，利用梯度反转层实现对抗训练，解决领域适应问题。梯度反转层主要包括两部分内容：前向传播和反向传播。前向传播时，只做线性转换，不改变特征表示的内容，如式（4-4）所示；反向传播时将传入本层的梯度乘以一个负值，使得特征提取器和领域判别器的训练效果相反，实现对抗训练，即特征提取器所捕捉的特征信息无法区分数据来自源域还是目标域，而领域判别器能够正确区分数据的来源，如公式（4-5）所示：

$$R_\lambda(x)=x \qquad (4\text{-}4)$$

$$\frac{dR_\lambda}{dx}=-\lambda I \qquad (4\text{-}5)$$

其中，$I$ 表示上层传入的梯度值，$\lambda$ 代表一个常数值。

① Ganin Y，Ustinova E，Ajakan H，et al. Domain-adversarial training of neural network[J]. arXiv：1505.07818，2015.

### （四）领域判别器

　　源域和目标域的数据分布存在差异，因此直接使用源域的大量已标注数据所训练得到的模型对目标域是没有帮助的，而利用对抗神经网络可以解决领域间数据分布不一致的问题。本实验利用梯度反转层实现特征提取器与领域判别器之间的对抗训练，通过对抗训练学习到公共特征空间，利用该公共特征空间，可以使用源域所学到的分类模型解决目标域任务。

　　领域判别器的作用是尽可能正确区分特征来自源域或者目标域。普通卷积神经网络无法深层次提取特定领域的意图特征且容易造成特征丢失问题，导致其对源域和目标域的判别能力下降。为了提升领域判别器的判别能力，这里利用胶囊网络对其进行改进，通过对源域和目标域的特征信息进行多次学习，深层次捕获源域和目标域的特征信息，学习更加丰富的特征表达。而且，利用胶囊网络能够提取用来区分源域和目标域的独有特征，提升模型的判别能力，为实现领域适应提供保障。模型的第二阶段为领域判别器的训练，该部分由输入层、特征提取器、梯度反转层和领域判别器构成。领域判别器的结构为胶囊网络，如图4-3所示，主要分为三层：第一层为卷积层，用于对源域和目标域的文本数据进行二次提取；第二层为胶囊层，将卷积层所获得的多种类型特征向量进行胶囊封装；第三层为领域胶囊层，用于将上层胶囊与下层胶囊进行转换并完成胶囊间的特征提取，同时利用上层胶囊单元以及动态路由算法输出领域胶囊表示以及其领域类别概率。

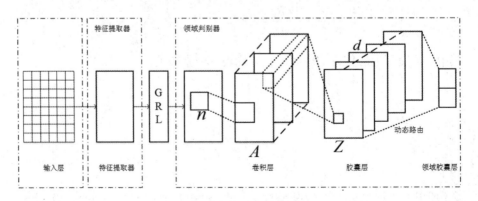

图4-3　领域判别器训练框架图

卷积层对源域和目标域的特征表示进行卷积操作。通过滤波器对句子的不同位置进行特征提取，充分提取句子的局部特征，滤波器的维度为 $W = R^{n \times K}$，通过卷积操作获得 $(x-n+1) \times 1$ 的特征单元，如公式（4-6）所示：

$$o = f\left(x_{1:n+1} \cdot W + b\right) \tag{4-6}$$

其中，$x_{1:n+1}$ 表示句子的输入，$W$ 表示滤波器，$n$ 表示滤波器的窗口大小，$b$ 表示偏置项，$f(\cdot)$ 表示非线性激活函数。同时，采用 $m$ 个滤波器进行特征提取，获得句子的特征图表示，维度为 $(x-n+1) \times m$，如公式（4-7）所示：

$$A = \left[o_1, o_2, ..., o_m\right] \tag{4-7}$$

胶囊层主要将卷积层的输出作为输入并生成一组胶囊单元，即将卷积层所获得的特征表示用胶囊单元进行封装。本质上，每个胶囊单元来自卷积层的特征加权和。为了获得胶囊单元，采用 $d$ 种 $W = R^{1 \times m}$ 滤波器对卷积层的输出进行加权后，通过胶囊层获得 $(x-n+1) \times d$ 的胶囊单元，如公式（4-8）所示：

$$v = f\left(A_{c:c+1} \cdot W + b\right) \tag{4-8}$$

其中，$A_{c:c+1}$ 表示卷积层的输出，$W$ 表示滤波器，$b$ 表示偏置项，$f$ 表示激活函数。同时，采用 $z$ 个滤波器进行特征提取，获得句子的特征图表示，维度为 $(x-n+1) \times z \times d$。

领域胶囊层主要由领域胶囊组成。源域和目标域均由上层 $d$ 层主要胶囊产生的矢量作为此层输入，该层输出源域和目标域的 $L$ 维胶囊，即源域标记为0，目标域标记为1，其主要的胶囊变换由动态路由算法进行操作，该算法完成上层胶囊到下层胶囊的转换，其输入为胶囊层的输出，而输出则为领域胶囊单元，图4-4表示动态路由算法的转换过程。在动态路由算法中，对 $b_{ij}$ 进行初始化并获得初始化的耦合系数 $c_{ij}$，即胶囊间转换权重，如公式（4-9）、（4-10）所示：

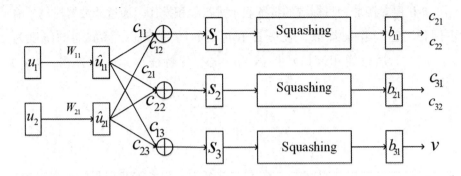

图4-4　胶囊网络动态路由算法流程图

$$b_{ij} \leftarrow b_{ij} + u_{j|i} \cdot v_j \qquad (4\text{-}9)$$

$$c_{ij} = \frac{\exp(b_{ij})}{\sum_k \exp(b_{ik})} \qquad (4\text{-}10)$$

其中，$i$ 表示当前层胶囊单元，$j$ 表示下层胶囊单元。

上层胶囊 $u_i$ 通过权重 $W^i$ 获得预测向量 $u_{j|i}$，如公式（4-11）；利用初始化的胶囊权重获得胶囊输出 $s^j$，如公式（4-12）；通过激活函数Squash对 $s^j$ 进行处理获得下层的胶囊输出 $v_j$，如公式（4-13）；通过预测向量 $u_{j|i}$ 和胶囊输出 $v_j$ 进一步更新胶囊权重 $c_{ij}$。已有的实验表明，三次的迭代过程可以获得最好的权重值表示。

$$u_{j|i} = w_{ij}u_i \qquad (4\text{-}11)$$

$$s^j = \sum_i c_{ij}u_{j|i} \qquad (4\text{-}12)$$

$$v_j = \frac{\left\| s^j \right\|^2}{1 + \left\| s^j \right\|^2} \cdot \frac{s^j}{\left\| s^j \right\|} \qquad (4\text{-}13)$$

领域判别器损失函数为Margin损失函数，如公式（4-14）所示，该损失函数类似于交叉熵损失函数，其对每个表示领域类别的胶囊分别给出单独边缘损失函数。

$$L_d\left(G_d\left(G_f\left(x_i\right)\right),d_i\right) = T_c max(0,m^+ - \|v_j\|)^2 + \lambda\left(1 - T_c\right)\max(0,\|v_j\| - m^-)^2$$

（4-14）

其中，$x_i$表示源域和目标域的输入，$G_f$表示特征提取器，$G_d$表示领域判别器，　表示领域标签，$T_c$表示领域类别的指示函数，$\|v_j\|$表示领域类别胶囊的输出概率，$m^+$为上界，设置为0.9，$m^-$为下界，设置为0.1。

模型的总体损失函数如公式（4-15）所示：

$$Loss = L_c + \lambda L_d$$

（4-15）

# 三、实验与分析

## （一）实验数据集

本实验主要采用全国社会媒体处理大会SMP2020中文人机对话技术评测提供的实验语料以及实验室成员收集而来的中文意图数据集、航空领域数据集的中文版以及英文实验语料SNIP-NLU进行实验。实验中的数据集情况如表4-1所示：

表4-1　实验数据集示例

| 领域及简写 | 意图 | 数量 | 示例 |
|---|---|---|---|
| Review（R） | RateBook | 1950 | Give 6 stars to Of Mice and Men |
| Weather（W） | GetWeather | 1950 | Is it windy in Boston, MA right now? |
| 航空领域数据集ATIS | 查询票价等 | 5848 | 从哈尔滨到南昌的单程票价是多少 |

续表

| 领域及简写 | 意图 | 数量 | 示例 |
|---|---|---|---|
| SMP（空调） | 空调设置等 | 502 | 空调进入制热模式 |
| SMP（烹饪） | 查询食谱等 | 484 | 告诉西红柿炒鸡蛋做法 |
| SMP（电影） | 查询剧情等 | 422 | 泰坦尼克号电影主要说什么 |

## （二）实验设置

实验平台使用团队实验室的服务器和Kaggle平台。同时，实验采用AdamOptimizer优化算法，学习率设置为0.001，胶囊的维度为16，领域胶囊的个数为2。中文意图文本的预处理工作主要利用jieba分词工具对意图文本进行分词处理，之后对意图文本去除停用词，利用维基百科预训练Word2Vec词向量，对意图文本进行向量化表示。英文数据集的预处理工作主要有去除标点符号以及大小写转换，利用维基百科预训练Word2Vec词向量对英文单词进行向量化表示。其中，中文词向量28维，英文词向量300维。

## （三）评价标准

意图识别任务本质上属于文本分类任务。在模型评价中，通常使用分类器模型评价标准，即准确率、精确率、召回率和F1值，公式请参考（3-19）~（3-22）。

## （四）实验结果分析

为了测试基于对抗的意图识别方法的有效性，本实验在英文数据集中源域选择B（Book Restaurant）、R（Review）、W（Weather）、M（Movie），目标域选择P（Play Term），并将目标域中部分已标注样本加入源域中共同训练意图识别器，提升模型对目标域的识别性能。领域判别器使用通用的领域对抗神经网络以及胶囊网络领域判别器进行对比试验。实验结果性能对比如表4-2所示：

表4-2　不同领域判别器下目标域准确率

| 模型 | 源域 | 目标域 | 目标域准确率 |
|---|---|---|---|
| DANN | B、R、W、M | P | 0.852 |
| DANN+CapsNet | B、R、W、M | P | 0.883 |

使用基于对抗的意图识别方法在SNIP-NLU数据集上的实验，其结果显示，目标域1000个测试样本可以获得85.2%的准确率。而通过胶囊网络对模型中领域判别器进行改进，同时利用胶囊网络对源域和目标域意图进行二次特征提取后，使用同样的测试样本获得了88.3%的准确率，性能提升了3.1%。由此可以得到结论，胶囊网络利用卷积层提取意图文本的特征信息，保存了句子中的多种特征信息。通过胶囊层将特征信息进行封装，避免了特征信息的丢失，利用胶囊间的动态路由转换，对句子中所包含特征进行进一步的聚类表示，充分学习了意图文本的大多数特征，包括语义、语序以及方向等，对整体模型的领域判别能力具有一定提升，进而优化对域不变特征的学习，提升模型对于目标域的意图识别准确率。同时，通过实验也验证了深度迁移学习方法的有效性。

表4-3　不同数据量下目标域准确率

| 源域 | 目标域 | 100 | 200 | 300 | 400 | 500 |
|---|---|---|---|---|---|---|
| R、W、P、M | B | 0.844 | 0.861 | 0.857 | 0.890 | 0.922 |
| B、W、P、M | R | 0.860 | 0.857 | 0.916 | 0.907 | 0.890 |
| B、R、P、M | W | 0.847 | 0.929 | 0.881 | 0.916 | 0.930 |
| B、R、W、M | P | 0.862 | 0.876 | 0.877 | 0.906 | 0.883 |
| B、R、W、P | M | 0.843 | 0.853 | 0.915 | 0.887 | 0.898 |
| Average | — | 0.851 | 0.875 | 0.889 | 0.901 | 0.927 |

为了尽可能模拟目标域包含不同已标注样本对意图识别准确率的影响，因此将目标域中不同数量的已标注样本加入源域进行实验分析。由于实际应用领域中标注大量数据的代价是十分昂贵的，因此本实验中仅使用少量已标注数据，在实际应用中标注这样数量的数据相对容易。在SNIP-NLU英文数据集中选取上述四个领域作为源域，目标域选择另外一个领域，如表4-3所示。从目标域中选取$M$={100、200、300、400、500}作为目标域的已标注数据量，目标域测试数据选取1000个数据样本进行评测，在此模型上做了5项任务。实验表明，排除部分噪声数据外，总体模型准确率随着已标注数据量的增加而增加。目标域中已标注数据量仅为100的情况下，通过基于对抗的意图识别方法，目标域测试数据下可以获得平均85.1%的准确率。目标域中已标注数据量为500的情况下，使用基于对抗的意图识别方法，目标域测试数据下可以获得平均92.7%的准确率。由此可以得到结论：随着目标域已标注数据量的增加，每增加100个已标注意图数据样本模型可以获得平均1.5%的提升，考虑到实际应用中标记可用数据的代价是十分昂贵的，且随着数据量的增加模型的提升较小。同时，随着已标注数据量达到一定规模，可以使用传统深度神经网络构建模型，使用迁移学习的意义性较小。因此，在实际模型构建中，使用源域数据规模大于7800以及目标域已标注数据量不大于500时，使用结合胶囊网络的对抗域适应方法解决意图识别问题。

另外，噪声数据的存在影响了模型的总体走向。如图4-5所示，随着目标域已标注数据量的增加，每行的测试结果均有不符合总体趋势的情况。例如，当源域选择为B、W、P、M，目标域选择为B时，在已标注数据为300的情况下，测试结果出现了下降的情况。通过对相关数据集和网络结构的分析，原因主要是：其一，在数据集P中包含了一些"想要播放音乐"的相关表述，与数据集B中"想要预订餐厅"存在一定的相似性，造成意图混淆，导致准确率下降；其二，由于数据量的问题，导致多轮迭代造成过拟合现象对实验结果造成影响。通过分析，模型性能变化最主要原因是在英文数据集中不同领域存在文本信息的交叉情况，即文本表述相似度高。

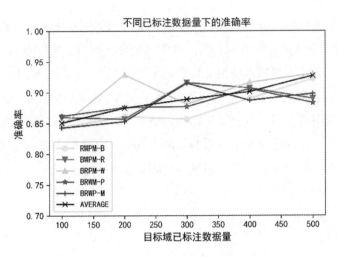

**图4-5　不同已标注数据量下准确率变换曲线**

中文领域人机对话系统的意图识别任务中，中文意图识别数据集更为稀缺。因此，利用迁移学习解决中文数据集下的意图识别任务尤为重要。

表4-4　中文数据集目标域准确率

| 源域 | 目标域 | 目标域准确率 | 源域准确率 |
| --- | --- | --- | --- |
| 航空领域 | SMP空调 | 0.823 | 0.901 |
| 航空领域 | SMP烹饪 | 0.892 | 0.917 |
| 航空领域 | SMP城市 | 0.886 | 0.909 |
| 航空领域 | SMP电影 | 0.756 | 0.897 |
| 航空领域 | SMP石油 | 0.810 | 0.908 |
| 平均值 | — | 0.833 | 0.906 |

为了解决上述问题，本实验在中文数据集下采用航空领域数据集ATIS中文语料、全国社会媒体处理大会SMP中文人机对话评测语料以及团队成员扩充语料，其中ATIS数据集作为源域，SMP中的单个领域作为目标域。利用

中文数据集的源域和目标域进行基于对抗的意图识别方法研究，模型结果如表4-4所示。表4-4实验结果表明，意图识别器在源域上可以获得平均90.6%的准确率，验证了源域训练性能优良的意图识别器。同时，使用该意图识别器在目标域数据集上也可以获得平均83.3%的准确率。由此可以得到结论，胶囊网络利用卷积层、胶囊层可以很好地将特征信息进行封装，避免了特征信息的丢失，对提升模型的领域判别能力具有一定效果，进而优化对域不变特征的学习，提升模型对于目标域的意图识别准确率。

# 第二节　基于分布的意图识别

## 一、模型构建

构建新领域对话系统时，新领域对话系统只有少量已标注数据和其他未标注数据，针对目标域训练数据稀缺的问题，本章提出一种基于分布的意图识别方法。

基于分布的意图识别方法包括四个部分：输入层、特征提取器、领域融合层和意图识别器。输入层主要将源域和目标域用户意图文本进行向量化表示；特征提取器利用卷积神经网络对意图文本数据进行特征提取；领域融合层实现源域到目标域的领域适应表示；意图识别器利用源域训练性能良好的分类模型，如图4-6所示：

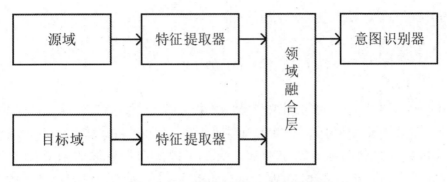

**图4-6　基于分布的意图识别网络框架图**

　　这里的主要思想是利用最大化平均差异度量源域和目标域之间的领域距离，通过最小化距离完成领域迁移。首先，利用特征提取器对源域和目标域进行特征提取。其次，利用领域融合层度量源域和目标域之间的领域距离，完成域不变特征的学习，同时利用胶囊网络完成对源域的意图识别模型训练。最后，利用意图分类器对目标域数据集进行特征提取并完成意图识别。下面将对该模型框架进行详细的说明。

## （一）领域融合层

　　领域融合层的目的是度量源域和目标域的分布差异，通过最小化源域和目标域的领域距离完成对域不变特征的学习。为了最小化源域和目标域之间的距离，使用最大平均差异度量领域差距，其是一种标准分布距离度量准则，由特定的表示形式$\phi()$进行计算，$\phi()$的输入为特征提取器所获得的源域和目标域特征矩阵，源域和目标域的距离计算如公式（4-16）所示：

$$MMD(X_S, X_T) = \left\| \frac{1}{|X_S|} \sum_{x_s \in X_S} \phi(x_s) - \frac{1}{|X_T|} \sum_{x_t \in X_T} \phi(x_t) \right\| \qquad （4-16）$$

　　模型不仅要最小化领域之间的距离，也就是最大化领域间的迷惑程度，即完成域不变特征的学习。同时，由于我们需要对意图文本进行分类，所以还需要一种分类损失函数，该函数将由意图分类器的损失函数表示。因此，总体损失函数如公式（4-17）所示：

$$Loss = Lc(X,Y) + \lambda MMD^2(X_S, X_T) \qquad (4-17)$$

其中，$Lc(X,Y)$ 表示可用意图标签的分类损失函数，数据来源于大量已标注的源域意图文本和少量已标注的目标域意图文本，$X$ 表示意图文本，$Y$ 表示其对应的意图标签，超参数 $\lambda$ 决定了源域和目标域的融合程度，$MMD(X_S, X_T)$ 为源域和目标域之间的距离，$X_S$ 为源域数据的特征矩阵表示，$X_T$ 为目标域数据的特征矩阵表示。

## （二）特征提取器

特征提取器的目的主要是对源域和目标域的用户意图文本进行特征提取。特征提取器利用卷积神经网络对文本的句子进行特征提取，每个句子经过预处理构建成一个标准化的表示：$s = R^{x \times K}$，这里 $x$ 代表标准化后句子的长度，$K$ 代表预训练词向量的维度。通过不同维度（$i = [3,4,5]$）的滤波器对原始句子进行特征提取，如公式（4-18）所示：

$$hf(\cdot) = f(x_{1:i+1} \cdot W + b) \qquad (4-18)$$

其中，$f(\cdot)$ 代表非线性激活函数，$W$ 代表滤波器，$b$ 代表偏置项，$i$ 代表滤波器的窗口大小。

## （三）意图识别器

意图识别器由两个阶段的任务构成：第一阶段，意图识别器的输入来自源域的特征表示，通过最小化源域的分类损失进行学习；第二阶段，意图识别器的输入来自目标域测试数据的特征表示，该特征表示来自域不变特征的目标域测试数据。意图识别器由胶囊网络所构成，利用胶囊网络对输入特征进行二次学习，充分捕获源域和目标域的特征信息，并学习更深层次的特征表示，同时，保留足够多的特征信息为意图识别器实现强分类提供保障。胶囊网络结构如图4-7所示：

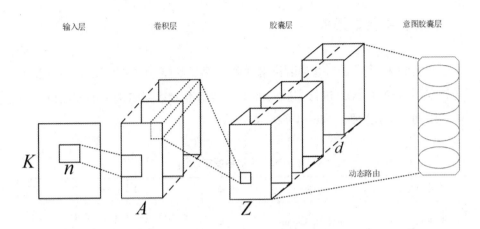

**图4-7　胶囊网络的意图识别器网络框架图**

胶囊网络分为四层：输入层、卷积层、胶囊层以及意图胶囊层。通过卷积层对源域的特征表示进行卷积计算，利用滤波器对句子的不同位置进行特征提取，通过卷积获得句子的特征图表示；胶囊层主要将卷积层所获得的特征表示用胶囊单元进行封装；意图胶囊层将上层多个主要胶囊产生的矢量作为此层输入，输出 $L$ 维胶囊，即意图类别的个数，由动态路由算法完成。意图识别器损失函数为Margin损失函数，如公式（4-19）所示，该损失函数类似于交叉熵损失函数。其对每个表示意图类别的胶囊分别给出单独边缘损失函数。

$$L_c\left(G_f\left(x_i\right),y_i\right)=T_c\max(0,m^+-\|v_j\|)^2+\lambda\left(1-T_c\right)\max(0,\|v_j\|-m^-)^2$$
（4-19）

其中，$x_i$ 表示源域的输入，$G_f$ 表示特征提取器，$y_i$ 表示意图标签，$T_c$ 表示意图类别的指示函数，$\|v_j\|$ 表示意图类别胶囊的输出概率。

# 二、实验与分析

## （一）实验数据集

本实验采用中文人机对话技术评测语料、航空领域数据集ATIS以及英文数据语料SNIP-NLU进行实验。前文已列出部分数据示例，本节示例实验中所用到的其他数据，如表4-5所示：

表4-5　实验数据集示例

| 领域及简写 | 意图 | 数量 | 示例 |
|---|---|---|---|
| Booking（B） | Book Restaurant | 1950 | I want to book a highly rated restaurant for me and my boyfriend tomorrow night |
| Play Term（P） | Play Music | 1950 | Play the last track from Beyoncé off Spotify |
| Movie（M） | Search Screening Event | 1950 | Check the showtimes for Wonder Woman in Paris |
| SMP（石油） | 查询石油信息等 | 467 | 想要了解今天合肥中石化汽油的价位 |
| SMP（城市） | 查询城市等 | 522 | 查询一下安徽省的省会 |

## （二）实验设置及评价

实验平台使用团队实验室自有服务器和Kaggle平台。采用Adam Optimizer优化算法，学习率设置为0.01，利用维基百科的预训练Word2Vec词向量对中英文意图文本进行向量化表示。其中，中文词向量28维，英文词向量300维。模型评价中，使用准确率、精确率和F1值对模型的性能进行评价。在本实验中也使用同样的评价标准，具体的计算过程可参考公式（3-20）~（3-22）。

## （三）实验结果分析

英文数据集的实验中，选择B、R、P和M四个领域作为源域，W领域作为目标域。其中，将目标域中部分已标注意图样本加入源域共同训练意图识别器。同时，领域融合层通过对源域特征与目标域特征进行差异度量，计算源域和目标域之间的分布距离以及最大平均差异损失。通过领域融合层的训练，最小化领域间距离以及差异损失，即源域和目标域学习到域不变特征，并对目标域测试数据进行意图识别，利用改进的强分类意图识别器和通用分类器进行对比试验。实验结果如表4-6所示：

表4-6　不同意图识别器下目标域准确率

| 模型 | 源域 | 目标域 | 目标域准确率 |
|------|------|--------|--------------|
| MMD | B、R、P、M | W | 0.781 |
| MMD+Capsnet | B、R、P、M | W | 0.803 |

实验结果如表4-6所示，使用通用的基于分布的意图识别方法在SNIP-NLU数据集上，目标域1000个测试样本可以获得78.1%的准确率，验证了使用最大平均差异准则对源域和目标特征进行度量可以完成对源域和目标域的域不变特征学习，即完成领域适应。而通过胶囊网络改进的强分类意图识别器对源域进行二次特征提取后，使用同样的测试样本获得了80.3%的准确率，模型提升了2.2%。可以看到，通过胶囊网络将源域意图特征进行二次特征提取后，可以提取到意图文本中的有效特征信息，通过胶囊单元对特征信息进行封装，保存了句子中的关键信息。同时，还利用动态路由算法将低层胶囊单元转换到高层胶囊单元，给予目标意图类别更高的权重，整体模型对提升意图识别的准确率具有良好的效果。

由于标注大量数据的代价是十分昂贵的，因此，本实验中仅将少量已标注数据加入源域共同训练意图识别器，在实际应用中标注500条数据相对容易。为了验证源域中加入不同已标注意图样本数量的目标域数据后，对实验准确率所带来的提升。英文数据集中选取上述其中之一作为目标域，源域选择另外四个领域，即目标域选择B，源域选择R、W、P以及M，如表4-7所示。同时，从目标域中选取$M = \{100,300,500\}$作为目标域的已标注数据加入源域用来提升模型对目标域的性能和泛化性。目标域测试数据选取1000个数据样本进行测试，在此模型上做了5项任务，实验结果如表4-7所示。

表4-7　不同数据量下目标域准确率

| 源域 | 目标域 | 100 | 300 | 500 |
|---|---|---|---|---|
| R、W、P、M | B | 0.806 | 0.791 | 0.811 |
| B、W、P、M | R | 0.794 | 0.802 | 0.810 |
| B、R、P、M | W | 0.780 | 0.788 | 0.803 |
| B、R、W、M | P | 0.802 | 0.812 | 0.829 |
| B、R、W、P | M | 0.783 | 0.815 | 0.832 |
| Average | — | 0.793 | 0.802 | 0.817 |

实验表明，总体模型准确率随着已标注数据量的增加而增加。在目标域已标注数据量仅为100的情况下，通过源域和目标域的意图样本进行最大平均差异度量后，在目标域测试数据中可以获得平均79.3%的准确率。随着目标域已标注数据量的增加，在已标注数据量500时可以获得81.7%的准确率，总体平均准确率为80.4%。由此可以得到结论，当源域具有大量已标注数据时，使用目标域已标注数据500左右，就可以根据源域数据构建一个在目标域表现良好的意图识别模型。

面向中文数据集的对抗意图识别方法中，由于中文意图识别数据集更为稀缺，因此利用迁移学习方法解决中文数据集下的意图识别任务尤为重要。假设需要构建的目标域数据集数据仅为500左右，而其相似的源域数据仅为5000左右。针对中文数据集下目标域数据集稀缺的问题，如何利用结合胶囊网络的对抗意图识别方法解决目标域意图识别问题。

中文数据采用航空领域数据集ATIS、全国社会媒体处理大会SMP中文人机对话评测语料以及扩充语料，其中航空领域数据集ATIS作为源域，SMP中的单个领域作为目标域，即空调领域、城市领域以及电影领域等。利用基于分布的意图识别方法在中文数据集下的领域适应结果如表4-8所示。实验结果表明，意图识别器在源域的准确率可以达到平均91.4%，验证了源域可以获得性能足够良好的意图识别器，同时，使用相同的意图识别器在目标域数据集上也可以获得平均78.1%的准确率，即通过基于分布的意图识别方法，利用源域训练性能足够良好的意图识别器，使用该意图识别器在目标域上也可以获得一定的效果，验证了基于分布的意图识别方法在中文数据集的有效性。

表4-8　中文数据集目标域准确率

| 源域 | 目标域 | 目标域准确率 | 源域准确率 |
|---|---|---|---|
| 航空领域ATIS | SMP—空调 | 0.803 | 0.921 |
| 航空领域ATIS | SMP—烹饪 | 0.752 | 0.909 |
| 航空领域ATIS | SMP—城市 | 0.786 | 0.947 |
| 航空领域ATIS | SMP—电影 | 0.770 | 0.912 |
| 航空领域ATIS | SMP—石油 | 0.795 | 0.882 |
| 平均值 | — | 0.781 | 0.914 |

## （四）对比分析

本章节提出一种结合胶囊网络的分布域适应意图识别方法，与对抗域适应意图识别方法形成对比实验，实验中所有的源域数据数量以及目标域已标注数据数量均一致，实验设置和词向量维度均一致。实验结果如下表4-9所示：

表4-9　不同数据量下模型对比准确率

| 模型 | 源域 | 目标域 | 100 | 300 | 500 |
|---|---|---|---|---|---|
| MMD | B、R、W、M | P | 0.778 | 0.792 | 0.811 |
| MMD+Capsule | B、R、W、M | P | 0.802 | 0.812 | 0.829 |
| DANN | B、R、W、M | P | 0.831 | 0.841 | 0.852 |
| DANN+Capsule | B、R、W、M | P | 0.862 | 0.877 | 0.883 |

实验结果表明，利用胶囊网络改进领域对抗神经网络中的领域判别器的实验方法，在目标域已标注数据量为500的情况下，使用同样的测试样本取得了88.3%的准确率，模型较对传统最大平均差异方法、胶囊网络改进最大平均差异方法以及传统领域对抗神经网络方法分别提升了7.2%、5.4%、3.1%。利用胶囊网络改进意图识别器的方法提升了1.8%，而利用胶囊网络改进领域判别器对模型的提升达到了3.1%。可以看到，利用胶囊网络对源域和目标域进行二次特征提取后，保存了意图文本中的多种特征信息，包括语义、

语序以及方向等，这些特征信息具有源域和目标域的独有特征信息，对于正确区分特征来自源域或者目标域具有一定的效果，能够有效提升领域判别器的判别能力。而通过胶囊网络对源域和少量已标注数据进行意图识别器训练，虽然可以提升意图识别器对目标域的泛化性和识别能力，但较对抗域适应的提升效果来说较差，领域适应能力较弱。可以得到结论：在未来的意图识别任务中，针对目标域训练数据稀缺的问题，使用结合胶囊网络的对抗领域适应方法可以很好的完成领域适应，提升源域知识迁移的能力，提高对目标域的识别准确率。

## 【小结】

考虑到需要构建的新领域对话系统中训练语料相对较少的情况，第一节主要针对目标域意图识别数据稀缺的问题，并利用领域对抗神经网络构建基于对抗的意图识别方法来解决上述问题。一方面，为了提升模型整体对目标域的适用性以及分类能力，通过将少量已标注意图的样本加入源域进行训练，保证算法的有效性，提升模型的准确率。另一方面，通过胶囊网络改进模型中的领域判别器，首先对源域和目标域中的意图文本特征进行二次提取，其次利用胶囊进行封装，保存多种特征信息，如语义语法等，最后通过胶囊网络中的动态路由算法实现领域判别，从而提升模型的对抗效果，进而提高意图识别准确率。

第二节主要针对口语理解中意图识别任务存在目标域数据稀缺的情况，并利用基于分布的意图识别方法完成目标域意图识别任务。该方法首先对源域和目标域中的意图文本进行向量化表示，并利用特征提取器对源域和目标域的意图文本进行特征提取。其次，利用领域融合层对源域和目标域特征进行最大平均差异度量，最小化领域之间的距离，学习领域间的域不变特征，同时使用胶囊网络对源域数据进行意图识别器的训练。最后，利用学习后的特征提取器对目标域测试数据进行特征提取，并利用胶囊网络所训练的意图识别器完成意图识别。同时，与前一小节的方法形成对比实验，对比方法的优劣，提出未来的方法实现方向。

# 第五章　迁移学习在命名实体识别中的应用

基于模型的迁移学习方法一般有两种思路：一是迁移模型参数，二是迁移共享特征表示。本章使用基于模型迁移学习框架，提取源域和目标域之间的共享特征，为目标任务模型提供了更加丰富的特征表示，间接地提高了目标域的标注数据量。

## 第一节　融合字和词级别的深度学习模型

当前，在命名实体识别任务上，LSTM-CRF模型无疑是取得效果最好的深度神经网络模型。这里使用的基线模型（Baseline Model）是融合字和词级别信息的BiLSTM-Attention-CRF模型，如图5-1所示。该模型使用混合表示为模型提供了更加丰富的特征表示，还使用注意力机制获取词与词之间的远距离依赖。该模型分为五部分：分布式表示、字级特征提取器、词级特征提取器、注意力机制、标签解码器。

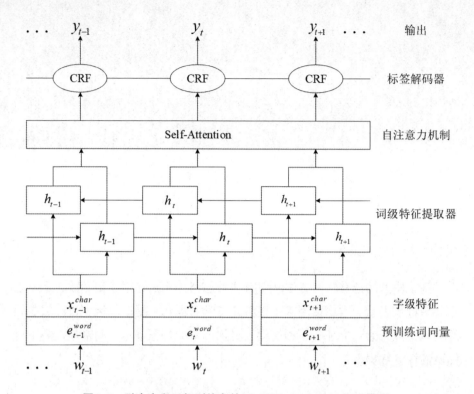

图5-1　融合字和词级别信息的BiLSTM–Attention–CRF模型

# 一、向量表示

本研究中所有向量表示都使用分布式表示中的混合表示，包括词向量和字级特征表示，字级特征表示是经过字级特征提取器从字向量中提取。词向量中包含丰富的语义语法信息，而字级特征可以通过学习形态和语义信息提高序列标注任务的性能。将两者直接拼接就是最终的混合表示，可以为模型提供更加高质量的语义语法表示，最后将其输入到词级特征提取器中。词向量和字向量都是使用Word2Vec模型预训练的词向量表和字向量表进行初始化。给定中文句子 $s = \{w_1, w_2, \ldots, w_n\}$，$n$ 为一个句子中词的数量，每个词由若干个字组成，$w_i = \{c_1, \ldots, c_p\}$。从预训练的词向量表和字向量表中针对每个词 $w_i$、每个字 $c_j$ 查找对应的向量 $e_i^{word}$ 和 $e_j^{char}$。

## 二、字级特征提取器

字级特征提取器通常包含BiLSTM和CNN两种方法。在实际使用中，Reimers等人[1]发现，两种方法在序列标记任务上的差异不显著，但字级CNN参数更少，效率更高。因此，这里使用字级CNN提取字级特征，过程如图5-2所示。词 $w_i$ 通过字级CNN得到其对应的字级特征表示 $x_i^{char}$，最后将每个词的字级特征和词向量连接起来得到混合表示，$x_i = \left[ x_i^{char}, e_i^{word} \right]$。

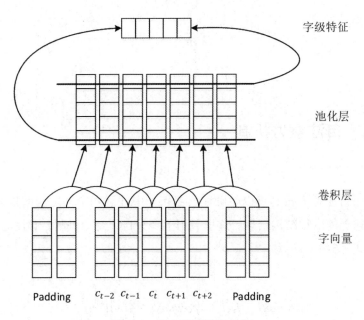

图5-2　CNN提取字级特征

① Reimers N，Gurevych I. Reporting score distributions makes a difference：Performance study of lstm-networks for sequence tagging[J]. EMNLP，2017：338-348.

## 三、词级特征提取器

命名实体识别有一个独特的特性：给定时间不长的过去和未来输入可能对标签推断有效。单向LSTM仅可以利用过去的信息，而忽略了未来信息。为了更好地利用这种特性以及合并序列两侧的信息，采用BiLSTM框架作为词级特征提取器，提取上下文词级特征。BiLSTM隐藏层向量可以表示为公式（5–1）~（5–3），其中 $\vec{h}_i$ 和 $\overleftarrow{h}_i$ 分别是位置 $i$ 处向前和向后LSTM的隐藏向量，然后将 $\vec{h}_i$ 和 $\overleftarrow{h}_i$ 拼接得到BiLSTM隐藏层向量 $h_i$。

$$\vec{h}_i = \overrightarrow{LSTM}\left(\vec{h}_{i-1}, x_i\right) \tag{5–1}$$

$$\overleftarrow{h}_i = \overleftarrow{LSTM}\left(\overleftarrow{h}_{i+1}, x_i\right) \tag{5–2}$$

$$h_i = [\vec{h}_i, \overleftarrow{h}_i] \tag{5–3}$$

## 四、自注意力机制

利用自注意力机制可以明确地学习句子中任意两个词之间的依赖关系，并捕捉句子的内部结构信息。这里采用了多头自注意力机制，自注意力可以利用公式（5–4）计算。

$$Attention\left(Q, K, V\right) = softmax\left(\frac{QK^T}{\sqrt{d}}\right)V \tag{5–4}$$

其中 $Q$、$K$ 和 $V$ 分别是查询矩阵、键矩阵和值矩阵。设置 $Q = K = V = H$。多头自注意力机制首先通过使用不同的线性投影将查询、键和值矩阵投影 $h$ 次。然后，将 $h$ 个投影并行执行。最后，将 $h$ 个自注意力串联起来，并再次投影得到最终的结果。多头注意力可以表示为公式（5-5）、（5-6）：

$$head_i = Attention\left(QW_i^Q, KW_i^K, VW_i^V\right) \quad\quad （5-5）$$

$$H' = \left(head_i \oplus \ldots \oplus head_h\right)W_o \quad\quad （5-6）$$

其中 $W_i^Q$，$W_i^K$ 和 $W_i^V$ 是投影参数，$W_o$ 是可训练的参数。

## 五、标签解码器

这里使用线性链条件随机场作为标签解码器。给定中文句子 $s = \{w_1, w_2, \ldots, w_n\}$ 以及其每个词对应的带有预测标签序列 $y = \{y_1, y_2, \ldots y_n\}$，线性链CRF可以写成公式（5-7）：

$$p\left(\tilde{y} \mid H_{1:n}'\right) = \frac{1}{Z\left(h_{1:n}\right)} exp\left\{\sum_{t=2}^{n} \theta_{y_{t-1}, y_t} + \sum_{t=1}^{n} W_{y_t} H_t'\right\} \quad\quad （5-7）$$

其中，$H'$ 表示注意力机制的输出，$\tilde{y}$ 是预测标签的序列，$\tilde{y} = y_{1:n}$。$\theta$ 表示 $t-1$ 和 $t$ 之间的过渡分布，$Z\left(h_{1:T}\right)$ 是归一化项，计算过程如公式（5-8）所示，其中 $t_k$ 和 $s_k$ 分别表示转移特征函数和状态特征函数，$t_k$ 由前一个隐藏节点 $y_{i-1}$ 和当前隐藏节点 $y_i$ 共同决定；$s_k$ 由当前隐藏节点 $y_i$ 决定，$\lambda_k$ 和 $\mu_l$ 分别表示两种特征函数对应的权重。

$$Z(x) = \sum_y exp\left(\sum_{i,k} \lambda_k t_k\left(y_{i-1}, y_i, x, i\right) + \sum_{i,l} \mu_l s_l\left(y_i, x, i\right)\right) \quad\quad （5-8）$$

使用负对数似然函数作为模型的目标函数对模型参数进行优化。最终定义损失函数 $l$ 如公式（5-9）所示：

$$l = -\sum_i \log p\left(\tilde{y} \mid H_{1:n}'\right) \quad\quad （5-9）$$

# 第二节　基于模型的迁移学习

　　本章实现了基于模型迁移的命名实体识别方法，核心是源域和目标域联合训练，在训练中提取领域之间的词级共享特征，实现知识的迁移。该方法中除词级特征提取器需要联合训练外，其他如向量表示、字级特征提取器和标签解码器都是在各自领域中独自训练。这样的做法可以排除干扰，保证迁移的只是词级共享特征。下面详细介绍词级特征提取器。

## 一、模型构建

　　本章使用了两种不同的共享模式，即完全共享模式（MTL-F）如图5-3（a）所示和共享—私有模式（MTL-P）如图5-3（b）所示，引入了两种不同的可迁移词级特征提取器：共享词级特征提取器和私有词级特征提取器。共享词级特征提取器由两个领域共同训练，用于学习任务共享特征；私有词级特征提取器各个领域独自训练，提取特定任务的特征。在完全共享模式中只有共享词级特征提取器，而共享—私有模式则分别为源任务和目标任务分配了一个共享词级特征提取器和一个私有词级特征提取器。

　　对于领域$k \in \{$源域，目标域$\}$数据集中的任何句子，共享词级特征提取器和私有词级特征提取器的隐藏状态$f_i^k$和$p_i^k$如公式（5-10）、（5-11）表示：

$$f_i^k = BiLSTM\left(x_i^k, f_{i-1}^k; \theta_f\right) \qquad (5\text{-}10)$$

$$p_i^k = BiLSTM\left(x_i^k, p_{i-1}^k; \theta_p\right) \qquad (5\text{-}11)$$

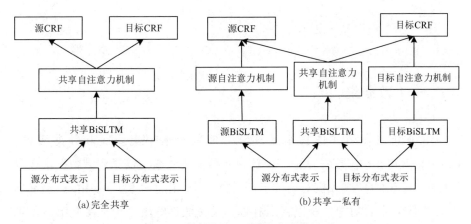

图5-3　基于模型迁移的命名实体识别

其中 $\theta_f$ 和 $\theta_p$ 分别表示共享BiLSTM参数和私有BiLSTM参数。对于任务 $k$ 数据集中的句子，通过公式（5-4）~（5-6）计算可得到共享自注意力输出向量 $F^{'k}$ 和私有自注意力输出向量 $P^{'k}$。对于完全共享模式，将共享自注意力输出向量 $F^{'k}$ 输入到CRF层。而共享—私有模式则是将两种自注意力输出向量 $F^{'k}$ 和 $P^{'k}$ 连接起来得到各自领域的CRF层的输入，计算可表示为公式（5-12）：

$$H^{''k} = \left( F^{'k} \oplus P^{'k} \right) \tag{5-12}$$

由于不同领域的标签类型不同，所以两个共享模式为每个领域添加了一个特定的CRF层。源域损失函数 $l_S$ 和目标域损失函数 $l_T$，如公式（5-13）、（5-14）所示：

$$l_S = -\sum_i \log p\left( \tilde{y} \mid H^{''S}_{1:n} \right) \tag{5-13}$$

$$l_T = -\sum_i \log p\left( \tilde{y} \mid H^{''T}_{1:n} \right) \tag{5-14}$$

## 二、实验与分析

### （一）数据集

本节介绍命名实体识别迁移学习使用的数据集。实验数据集有：CLUENER2020中文细粒度命名实体识别数据集、航空信息领域数据集以及SMP2020-ECDT中文人机对话技术评测数据集。由于实验所采用的模型都属于有监督学习的功能，所以将所有数据集按照训练集、验证集和测试集进行划分。原始数据集首先要进行数据清洗；然后利用Jieba分词工具将句子按词切分，在切分过程中为了防止特定名词被错误切分，将所有实体词放入用户词典；分词后对数据格式进行预处理，将数据按照BIO标注方法进行标注，最后将数据输入到模型中。

#### 1.源域数据集

这里将CLUENER中文细粒度命名实体识别数据集和航空信息领域数据集作为源域数据集，源域数据集详细描述如表5-1所示：

表5-1　源域数据集

| 数据集 | 句子数 | 实体数目 | 实体种类数 | 实体类别举例 |
| --- | --- | --- | --- | --- |
| CLUENER | 12091 | 25244 | 10 | 地址、书名、公司、游戏、姓名、政府、电影、景点、组织机构、职位 |
| 航空信息领域 | 5871 | 16575 | 19 | 出发地、目的地、时间、机场名称、票价范围、航空公司、航班号、座位等级等 |

CLUENER是新闻领域命名实体识别任务数据集，拥有细粒度的实体类型，不仅有传统命名实体识别数据集的人名、地名和机构名，还有书名、公司、游戏、政府、电影、景点、职位实体类型，数据集标注情况如图5-4（a）所示。

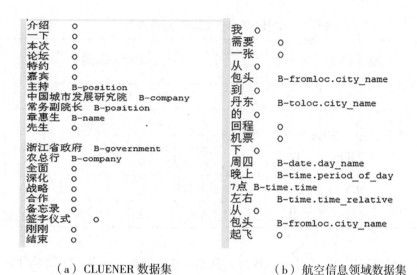

<table>
<tr><td>介绍</td><td>o</td></tr>
<tr><td>一下</td><td>o</td></tr>
<tr><td>本次</td><td>o</td></tr>
<tr><td>论坛</td><td>o</td></tr>
<tr><td>特约</td><td>o</td></tr>
<tr><td>嘉宾</td><td>o</td></tr>
<tr><td>主持</td><td>B-position</td></tr>
<tr><td>中国城市发展研究院</td><td>B-company</td></tr>
<tr><td>常务副院长</td><td>B-position</td></tr>
<tr><td>章惠生</td><td>B-name</td></tr>
<tr><td>先生</td><td>o</td></tr>
<tr><td>浙江省政府</td><td>B-government</td></tr>
<tr><td>农总行</td><td>B-company</td></tr>
<tr><td>全面</td><td>o</td></tr>
<tr><td>深化</td><td>o</td></tr>
<tr><td>战略</td><td>o</td></tr>
<tr><td>合作</td><td>o</td></tr>
<tr><td>备忘录</td><td>o</td></tr>
<tr><td>签字仪式</td><td>o</td></tr>
<tr><td>刚刚</td><td>o</td></tr>
<tr><td>结束</td><td>o</td></tr>
</table>

（a）CLUENER 数据集

<table>
<tr><td>我</td><td>o</td></tr>
<tr><td>需要</td><td>o</td></tr>
<tr><td>一张</td><td>o</td></tr>
<tr><td>从</td><td>o</td></tr>
<tr><td>包头</td><td>B-fromloc.city_name</td></tr>
<tr><td>到</td><td>o</td></tr>
<tr><td>丹东</td><td>B-toloc.city_name</td></tr>
<tr><td>的</td><td>o</td></tr>
<tr><td>回程</td><td>o</td></tr>
<tr><td>机票</td><td>o</td></tr>
<tr><td>下</td><td></td></tr>
<tr><td>周四</td><td>B-date.day_name</td></tr>
<tr><td>晚上</td><td>B-time.period_of_day</td></tr>
<tr><td>7点</td><td>B-time.time</td></tr>
<tr><td>左右</td><td>B-time.time_relative</td></tr>
<tr><td>从</td><td></td></tr>
<tr><td>包头</td><td>B-fromloc.city_name</td></tr>
<tr><td>起飞</td><td>o</td></tr>
</table>

（b）航空信息领域数据集

图5-4　源域数据集标注举例

航空信息领域数据集与CLUENER数据集的领域不同，是对话系统中询问航空信息的数据，是短文本数据集。该数据集拥有更加细致的实体类型，如：将日期细分为日、月、星期、相对于今天的日期（昨天、明天等）；将时间划分为具体几点几分、一天的某时期（早上、上午等）、相对时间（左右、后等），出发地和目的地也细致地划分了省份、城市和地区，还有机场名称、票价范围、航空公司、航班号等，甚至还标记了语句中的缩写。标注情况如图5-4（b）所示。

CLUENER中文细粒度命名实体识别数据集以及航空信息领域数据集都拥有大量而又细致的标注数据，符合对源领域数据集的要求。

**2.目标域数据集**

目标领域数据集使用SMP2020-ECDT中文人机对话技术评测数据集，该数据集总共5024句，45个领域，81种命名实体类型，8787实体，也是短文本数据集。由于SMP2020-ECDT数据集领域太多，命名实体类型太杂，领域之间的数据差异很大，数据分布不均衡，所以这里选取其中5个领域，具体说明该数据集，如表5-2所示：

表5-2  SMP2020-ECDT数据集举例

| | 领域举例 | 句子数 | 实体种类数 | 实体类型举例 |
|---|---|---|---|---|
| SMP2020-ECDT（45个领域） | 成语 | 175 | 5 | 单词、成语、类型、第一个字、最后一个字 |
| | 消息 | 145 | 4 | 内容、类型、名称、接收者 |
| | 空调控制 | 110 | 8 | 模式、模式数值、日期、时间、定时、区域、房间、频率 |
| | 健康 | 92 | 1 | 关键词 |
| | 小说 | 45 | 4 | 作者、类型、名称、受欢迎程度 |

对于SMP2020-ECDT中文人机对话技术评测数据集，许多不同领域中使用同一个实体类型，如成语、消息、小说领域中都有"类型"这一实体类型；消息和小说中都有"名称"。再加上同一个词在不同领域中有不同的实体类型，如"四世同堂"这个词，在成语领域就是"成语"类型，而在小说领域则是"名称"类型。这让该数据集在命名实体识别时变得异常困难。

然后从SMP2020-ECDT数据集中选择四个领域（菜谱、音乐、新闻、火车）也作为目标域数据集，验证不同领域对于迁移效果的影响，切分出的数据集具体情况如表5-3所示：

表5-3  SMP2020子领域数据集

| 领域 | 句子数 | 实体数目 | 实体种类数 | 实体类型 |
|---|---|---|---|---|
| 菜谱 | 438 | 450 | 4 | 菜名、工具、材料、关键词 |
| 音乐 | 189 | 195 | 3 | 歌名、艺人、类型 |
| 新闻 | 197 | 254 | 8 | 时间、日期、类型、国家、省份、城市、地区、关键词 |
| 火车 | 171 | 366 | 8 | 出发地省份、出发地城市、出发地地区、目的地省份、目的地城市、目的地地区、出发日期、类型 |

## （二）评价指标

命名实体识别常用的评价指标为精确率（Precision，P），召回率（Recall，R）和F1值，公式请参考（3-20）~（3-22）。

## （三）实验模型参数设置

模型主要参数设置如下，词向量和字向量的维度都是300维，批处理大小为16，学习率为0.001，学习衰减率为0.7，Dropout为0.5，梯度下降算法使用的是Adam Optimizer。基线模型和完全共享模型LSTM隐藏层大小为200，共享—私用模型分别为源域、共享和目标域LSTM隐藏层大小设置为100。

## （四）实验结果及分析

首先将融合字和词级别信息的BilSTM-Attention-CRF基线模型在5个目标领域上分别进行了实验，得到了本章实验的基线，本章所有迁移学习模型得到实验结果都要与基线进行比较，判定模型的迁移效果。然后分别使用MTL-P和MTL-F模型，分别将两个源域CLUENER和航空信息领域上的知识迁移到5个目标域上，实验结果如表5-4所示：

表5-4　基于模型迁移的命名实体识别方法实验结果（F1值/%）

| 源域 | 模型 | SMP2020 | 菜谱 | 音乐 | 新闻 | 火车 |
|---|---|---|---|---|---|---|
| | baseline | 86.75 | 83.87 | 74.29 | 88.46 | 87.50 |
| CLUENER | MTL-P | 87.58 | 83.52 | 78.95 | 88.89 | 87.94 |
| | MTL-F | 88.18 | 84.44 | 75.68 | 87.72 | 87.32 |
| 航空信息领域 | MTL-P | 88.72 | 85.39 | 73.17 | 89.29 | 88.73 |
| | MTL-F | 87.76 | 84.09 | 73.68 | 90.91 | 88.59 |

从实验结果可以看出，基线模型在5个目标域上的F1值都没有达到90%。SMP2020数据集中短文本句子相对比其他目标领域多一些，但是有81个实体

类型，因此整体的F1值比较低，原因在数据集描述部分提到了，即命名实体类型太多太杂和数据分布不均衡。而在实验过程中又发现了一个新的原因：有些词语在一些领域中是命名实体，而在另一些领域中它不是命名实体，如"你"在笔画领域是属于"字实体类型"，而在其他领域则被标注为"O"，所以在实验结果中有许多"你"标记为"字实体类型"。其他4个目标领域中由于短文本句子数量太少，无法充分训练基线模型，所以实验得到的F1值不高。

航空信息领域作为源域时总体迁移效果好于CLUENER，只是在目标域为音乐领域的情况下例外。可能是因为航空信息平均一个句子有2.8个标注，领域的标注数据更加丰富，而CLUENER数据集一个句子平均只有2个标注；还有可能是航空信息领域拥有更加细粒度的命名实体类型。

MTL-P模型总体上优于MTL-F，除了在新闻领域MTL-F取得了最好的成绩，其他领域都是MTL-P更好，所以MTL-P模型更加适合跨领域迁移学习。可能是私有—共享模型比完全共享模型多了私有特征，为目标领域提供了更加丰富多元的特征表示。

从表5-4可以看出本章使用的两种方法虽然性能提升幅度不大，但仍旧是有效的。迁移效果最好的是CLUENER为源域、音乐领域为目标域的MTL-P模型，F1值比基线高了4.66个百分点，其他方法的F1值提高都没有超过2个百分点。本章使用的所有方法都没有使5个目标域的F1值达到90%。

但是同时出现了负迁移的现象，有些情况迁移后的F1值还不如基线，如CLUENER为源域，使用MTL-P迁移到菜谱领域、MTL-F迁移到新闻、火车领域；航空信息领域为源域，迁移到音乐领域的MTL-P和MTL-F。分析原因可能是共享特征中存在大量源域所独有的特征，不仅不能帮助目标任务提升性能，还可能有负面影响。

## 【小结】

本章主要对研究使用的基线模型融合字和词级别信息的BilSTM-Attention-CRF进行了详细的介绍和说明，随后描述了基于模型迁移学习的命名实体识别方法的实现，以及使用到的完全共享模型（MTL-F）和共享—

私有模型（MTL-P），并详细描述了这里使用的2个源域数据集（CLUENER
中文细粒度命名实体识别数据集、航空信息领域数据集）以及5个目标域数
据集：SMP2020-ECDT中文人机对话技术评测数据集以及它的4个子领域数
据集（菜谱、音乐、新闻、火车）。

　　实验结果表明，基于模型迁移学习的命名实体识别方法是有效的，成功
帮助目标领域模型提升了性能，F1值最高比基线提升了4.66个百分点，多数
情况没有超过2个百分点。但是同时还出现了负迁移现象，在迁移过程中起
负面影响。究其原因可能是目标域数据量太少，以及没有考虑到领域之间的
相关性差异和源域特有知识，强行迁移特征造成了负迁移。

# 第六章　意图和语义槽联合建模研究

## 第一节　联合建模研究

### 一、基于三角链条件随机场联合识别

由于意图识别和语义槽填充是相关的，而传统的采用并联方法或是级联方法解决两个任务都无法捕获二者的相关关系，所以Jeong等人[①]采用联合方式即三角链条件随机场（Triangular-chain CRF）模型，解决意图识别和语义槽填充任务，捕获二者的内在联系，联合建模会使模型的训练参数减少，性能不断提升。

图6-1为联合模型构建语义框架的流程图。首先语音识别转换为输入文本序列 $x$，然后使用联合模型输出语义槽序列标注 $y$ 和意图 $z$，生成对话状

---

① Jeong M，Lee G G. Jointly predicting dialog act and named entity for spoken language understanding[C]. Spoken Language Technology Workshop，2006：66-69.

态的序列对$(x,y,z)$，最后将对话状态的序列对$(x,y,z)$输出到对话管理系统中用于后续的对话系统任务。

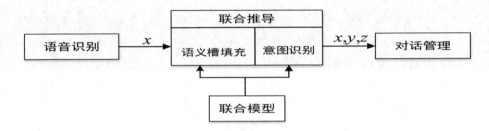

图6-1　联合模型解析过程

该方法的三角链模型如图6-2所示：$x$表示输入的文本序列，$y$表示对应的输出序列标注，$z$表示对应的意图，$z$的输出取决于两部分，一个是输入的文本序列$x$，第二个是输出的序列标注$y$，该模型中采用窗口大小为3的文本输入。

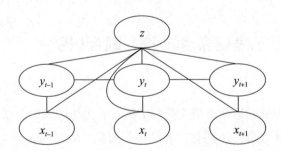

图6-2　Triangular-chain CRF模型

Jeong[①]使用传统统计机器学习方法CRF，虽然模型在联合识别上作出一定的贡献，但是仍存在传统统计机器学习的不足问题，费时费力，而且必须有足够多的训练语料作为支撑。

---

① Jeong M, Lee G G. Jointly predicting dialog act and named entity for spoken language understanding[C]. Spoken Language Technology Workshop, 2006: 66-69.

## 二、基于CNN-TriCRF联合识别

2013年微软的Xu[1]使用卷积神经网络和三角链条件随机场（CNN-TriCRF）模型用于意图识别和语义槽填充联合识别。实验中通过CNN提取文本特征，捕获文本中词的语法语义相关信息，然后被意图识别和语义槽填充任务共享，在语义槽填充任务中使用TriCRF进行全局归一化。此模型较Jeong提出的Triangular-chain CRF模型在意图识别和语义槽填充任务上分别提高了1%和1.02%。

图6-3是基于CNN-TriCRF的意图识别和语义槽填充的联合识别模型，图顶端的虚线表示捕获意图和语义槽之间的依赖关系；卷积层及其产生的特征向量$h$由两个任务所共享。对于意图识别任务，由卷积层得到的高维度特征向量先进行最大池化获取整个输入文本的向量表示，再使用Softmax函数进行意图分类；对于语义槽填充的每一个值，采用TriCRF在全局分布下求解全局最优解，且模型可以同时处理多个语义槽序列标注和意图分类任务。

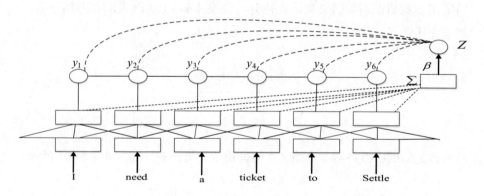

图6-3　基于CNN-TriCRF的意图识别联合和语义槽填充识别模型

① Xu P, Sarikaya R. Convolutional neural network based triangular crf for joint intent detection and slot filling[C]. Automatic Speech Recognition and Understanding（ASRU），2013：78-83.

CNN由于其卷积层与池化层的优点，被用于提取特征，在图像领域得到很好的性能，随后很多学者将其应用在文本特征提取和口语理解的相关任务中。传统的语义槽填充任务是在观测序列 $X$ 已知的条件下使用条件概率局部归一化，如公式（6-1）所示：

$$p(Y \mid X) = \prod_{i=1}^{l} p(Y_i \mid X, Y_1, ..., Y_{i-1}) \tag{6-1}$$

使用CRF进行语义槽填充实现全局归一化，通常以指数框架指定全局条件概率，如公式（6-2）所示：

$$p(Y \mid X) = \frac{e^{\Sigma_j f_j(X,Y)\theta_j}}{\sum_{Y'} e^{\Sigma_j f_j(X,Y')\theta_j}} \tag{6-2}$$

上式中 $f_j(X,Y)$ 表示观测序列 $X$ 和输出序列 $Y$ 中第 $j$ 个特征函数，$\theta_j$ 表示与 $f_j(X,Y)$ 对应的特征权重，分母为所有可能的输出序列的求和。

相较于传统提取文本特征的方法，CNN不需要提前定义特征，而是直接获取文本特征表示。该方法利用改进后的CNN学习文本特征，再将学习到的特征用于意图识别和语义槽填充任务。公式（6-3）为改进的模型用于语义槽填充计算：

$$p(Y \mid X) = \frac{e^{\Sigma_i(t(Y_{i-1},Y_i)+\Sigma_j h_{ij}(X_i,R,T)\theta_j(Y_i))}}{\sum_{Y'} e^{\Sigma_i(t(Y'_{i-1},Y'_i)+\Sigma_j h_{ij}(X_i,R,T)\theta_j(Y'_i))}} \tag{6-3}$$

改进后的CNN将学习到的文本特征用于分类任务，如公式（6-4）所示：

$$p(Z \mid X) = \frac{e^{\Sigma_i(\Sigma_j h_{ij}\beta_j(Z))}}{\sum_{Z'} e^{\Sigma_i(\Sigma_j h_{ij}\beta_j(Z'))}} \tag{6-4}$$

Xu的贡献在于使用CNN学习文本特征，不依赖于人工提取特征，对于语义槽填充，采用TriCRF考虑数据在全局的分布。但是较传统方法而言，模型训练的参数变多，模型更为复杂。

# 三、基于递归神经网络和维特比算法联合识别

微软研究院Guo[①]提出使用递归神经网络（Recursive Neural Network）和维特比算法解决口语理解中的这两个任务（意图识别和语义槽填充）。该网络扩展了传统的深度神经网络，使其可以应用于结构化的树输入。此网络能够自然地利用输入中的句法树结构，用向量反复进行语义信息的扩充。基于以上优点，一种改进的递归神经网络被提出用于解决口语理解任务。对于意图识别任务，该实验将树结构中根部的输出向量与每个可能的意图向量做点积运算，将点积运算结果通过Softmax函数计算出可能的目标意图，该实现过程如图6-4所示：

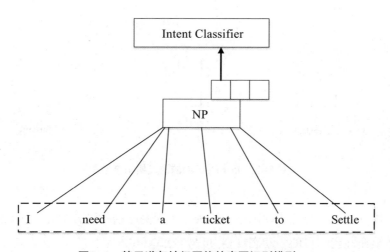

图6-4 基于递归神经网络的意图识别模型

对于语义槽填充任务，利用语法树结构，在树的每个节点上加入分类器，预测子树的语义槽标签。为了将更多的上下文信息加入语义槽分类器中，取叶子到根的路径节点的输出向量，乘以一个与节点的语法类型相关联

① Guo D，Tur G，Yih W，et al. Joint semantic utterance classification and slot filling with recursive neural networks[C]//Spoken Language Technology Workshop（SLT），2014：554-559.

的权值向量，将它们相加得到一个路径向量，如公式（6-5）所示：

$$z = w(t_1) \cdot x_1 + w(t_2) \cdot x_2 + \ldots\ldots + w(t_k) \cdot x_k \qquad （6-5）$$

图6-5为基于递归神经网络的语义槽填充模型。通过聚合与每个叶子节点相关联的路径向量来获取当前词的上下文信息。将当前路径向量与前一个路径向量以及下一个路径向量连接起来，形成一个三路径向量，每个三路径向量作为最大熵分类器的输入，预测当前词的语义槽标签。

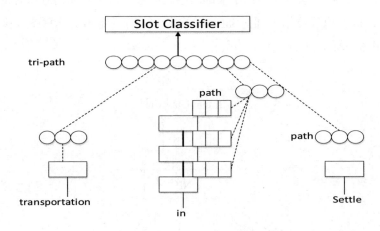

图6-5　基于RecNN的语义槽填充模型

该方法加入维特比动态规划算法产生观测序列的隐含状态，达到优化语义槽填充性能的目的，动态规划过程如公式（6-6）：

$$\hat{T} = \arg\max_{T} P(T \mid W) \sim \arg\max_{T} P_{LM}(T)^W \times P(W \mid T)$$
$$\sim \arg\max_{T} P_{LM}(T)^W \times (\prod_i P_{\text{Rec}NN}(t_i \mid w_i) / P(t_i)) \qquad （6-6）$$

该方法中利用改进的递归神经网络用于意图识别和语义槽填充任务，将句子整体以语法树形式表示，词作为叶子节点，使用递归网络对节点中的特征进行重建，模型可以更好地进行学习。该方法的性能虽然有所提升，但在语义槽填充任务中，简单地取最大值作为语义槽填充内容，会产生一定的信息损失。

## 四、基于门控循环单元联合识别

继递归神经网络之后，北京大学计算语言研究所提出使用门控循环单元GRU和CNN模型联合完成意图识别和语义槽填充任务，通过GRU学习每个时间步长的表示，预测语义槽的标签。同时，利用最大池化层捕获句子的全局特征，进行意图分类，模型由两个任务共享。GRU-CNN的模型如图6-6所示，图中的最下层为输入文本序列，然后将每个文本序列转换为对应的词向量。

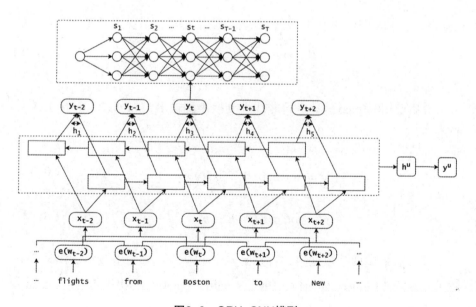

图6-6　GRU-CNN模型

在GRU中，隐藏层的状态被两个任务共享，由于隐藏层状态捕获每个时间步的特征，所以隐藏层状态可以直接用于预测语义槽标签。采用最大池化来获取整个隐藏层状态的表示用于意图识别任务，用$h_u$表示，如公式（6-7）：

$$h_u = \max_{i=1}^{T} \overleftrightarrow{h_t} \tag{6-7}$$

上式中$T$表示话语中的单词数。池化层将具有可变长度的文本转换为固定长度的向量，这样就可以捕获整个文本中的信息。

在预测语义槽标签时，使用转移函数$A_{ij}$表示从标签$i$到标签$j$的概率，对于标签序列$1:T$；用标签转移分数和每一步预测分数之和作为句子级别分数：

$$s(l_{1:T}, \theta) = \sum_{t=1}^{T} (A_{l_{t-1}l_t} + y_t^s(l_t)) \tag{6-8}$$

上式中$y_t^s(l_t)$表示标签$l_t$在$t$时刻出现的概率，然后预测语义槽标签，如公式（6-9）$\hat{l}^s$的值为所有标签序列$l$中的最大值：

$$\hat{l}^s = \arg\max_{l^s \in L} s(l^s, \theta) \tag{6-9}$$

最后使用Softmax函数进行非线性变换得到输出，如公式（6-10）、（6-11）：

$$y_t^s = soft\max(W^s \overleftrightarrow{h_t} + b^s) \tag{6-10}$$

$$y^u = soft\max(W^u h^u + b^u) \tag{6-11}$$

该方法采用两个数据集，分别是ATIS和从百度知道上收集的汉语问答理解数据集（Chinese Question Understanding Dataset，CQUD），标注过程采用手工标注。

模型虽然在性能上有所提升，但是仍有需要改进的地方，如下的结论在总结部分被提出：（1）分词过程中仅采用基于字的分词，没有对基于词的语料进行实验，需要进一步进行对比试验；（2）由于CQUD是从百度知道上搜集得到，单字的序列标注和意图类别标注由人工手动完成，但是对于语义槽和意图的定义，还不是很规范，没有经过相关领域专家的认定，这样对实验的性能有一定的影响；（3）深度学习模型在大规模数据集下进行实验效果比较良好，但该实验数据集CQUD的规模比较小。这样的结论可以为后续的研究者提供帮助。同时，对于意图识别任务，该模型采用最大池化进行意图分类，会产生信息损失，应该通过获取更高层次的语法语义信息实现意图识别。

## 五、基于注意力的BiLSTM联合识别

在捕捉上下文依赖方面，虽然LSTM相对RNN在编码长期记忆信息方面更有优势，但隐层状态 $h_i$ 携带的整个输入序列的长期信息会随时间向前传播而逐渐消失，由于注意力信息能捕捉到隐层状态 $h_i$ 无法捕捉到的附加依赖信息，因此Bing Liu提出采用注意力机制解决意图识别和语义槽填充任务。基于注意力的BiLSTM模型如图6-7所示，由BiLSTM神经网络得到的隐藏层状态 $h_i$ 和注意力参数 $c_i$ 一同作为意图识别和语义槽填充的输入。

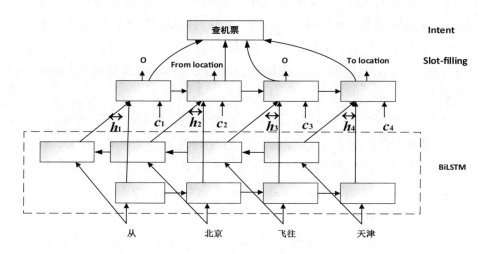

图6-7　基于注意力的BiLSTM模型

　　该模型采用BiLSTM作为基本单元，在神经网络的隐层状态之上加入了注意力机制；注意力是在每一个时间序列上把所有隐藏层状态$h_i$进行全局归一化计算相似度得到不同的注意力权重，再作用于注意力参数$c_i$，注意力参数计算如公式（6–12）~（6–14）：

$$c_i = \sum_{j=1}^{T} a_{ij}h_j \tag{6-12}$$

$$a_{ij} = \frac{\exp(e_{ij})}{\sum_{k=1}^{T}\exp(e_{ik})} \tag{6-13}$$

$$e_{ij} = g(s_{i-1}, h_j) \tag{6-14}$$

其中，$c_i$表示第$i$个时间步的注意力向量，由所有的隐含层状态$h_j$加权得到，而$a_{ij}$表示权重值；$c_i$作用于第$i$个时间步解码器的输出。

　　基于注意力的BiLSTM模型的优点是加入注意力机制可以关注到不同输入序列对输出的影响。首先，BiLSTM对不同输入词进行均匀累加记忆得到包含语义语法信息的向量；其次，在BiLSTM得到的向量基础上，加入注意力机制，对不同输入词非均匀即聚焦式累加记忆，得到更高级的向量表示，用于意图识别和语义槽填充任务。但是该方法还存在一些不足，对于意图识别，简单取最大值进行意图识别会有信息熵损失；对于语义槽填充，由于没有考虑到输出序列全局归一化问题，容易出现偏置问题。孙鑫等人针对意图识别简单取最大值问题，将所有词语的输出向量的加权值用于意图输出；在语义槽填充任务中，针对出现偏置问题，采用CRF方法用于序列标注预测。

　　除了以上方法之外，还有其他联合模型解决口语理解任务。Hakkani等人提出使用双向RNN–LSTM模型联合解决意图识别与语义槽填充任务，实验过程通过加强不同领域数据的学习来建立多领域模型，在ATIS数据集上的F1值达到94.7%的性能。随后Zhang等人提出使用双向门控循环单元BiGRU同时加入CRF模型实现意图和语义槽填充的联合识别，但存在一定的缺点：第一，对于意图识别任务，选取GRU每次输出的最大值作为用户话语的意图，存在信息损失；第二，该模型没有关注到输入序列中的词哪些对于语义槽和意图的输出有较大影响。因此Weigelt等人提出使用上下文和层级信息联合解决意图识别和语义槽填充任务。

　　综上所述，基于深度神经网络联合建模解决意图识别和语义槽填充任务，旨在抽取文本中更高级的语义语法信息，由之前的三角链条件随机场到BiLSTM，由人工提取特征到使用神经网络模型不断的迭代训练特征，性能不断提升。同时加入注意力机制，在原有特征的基础上进一步对不同输入进行聚焦学习。考虑到语义槽填充任务的局部最优解问题，提出针对语义槽填充任务在学习到高级特征后，采用TriCRF作用于序列输出。在意图识别和语义槽填充任务中，提取高质量的上下文语法语义信息至关重要。

# 第二节　基于门控机制和CRF的联合建模

## 一、基本思想

　　本研究的实验是在BiLSTM深度神经网络基础上加入注意力机制、slot-gated门控机制以及CRF的联合识别模型。BiLSTM能够获取上下文信息，由于神经网络是对输入的均匀记忆，因此由BiLSTM得到隐藏层状态后，对于意图识别任务和语义槽填充任务都加入注意力机制，实现对输入的非均匀记忆，即对关键的部分给予更大的关注度。这种关注度体现在对不同输入分配不同的概率值，对理解语义信息有重要意义的词分配更大的概率值。神经网络模型的输出将各个词的标注结果独立，没有考虑词与词之间的依赖关系。本研究的实验模型，对于语义槽填充任务，在BiLSTM、注意力机制和门控机制基础上，加入条件随机场CRF模型作为解码层，这样考虑到标签之间的合理性、标签前后的依赖关系。因此，对于语义槽填充任务使用CRF模型对深度学习结果进行处理，使得标注结果更为准确，图6-8为本研究的联合识别模型。

　　深度学习模型BiLSTM可以做语义槽填充任务，在BiLSTM后加入Softmax函数，输出各个标签的概率，最大概率对应的标注为当前词的标注。之所以还要加入CRF是因为虽然BiLSTM能够学习到当前词上下文的信息，但是Softmax层的输出是相互独立的，对于不同时刻，选最大概率值对应的标签作为输出，这样会导致出现B-Person下一个词的标注可能为I-Location的不合理标注。条件随机场统计模型将转移矩阵作为模型训练的特征，它会考虑到标签前后的依赖关系以及标签之间的顺序性，所以对于语义槽填充任务，一般在神经网络之后加入统计模型CRF作为输出层模型。

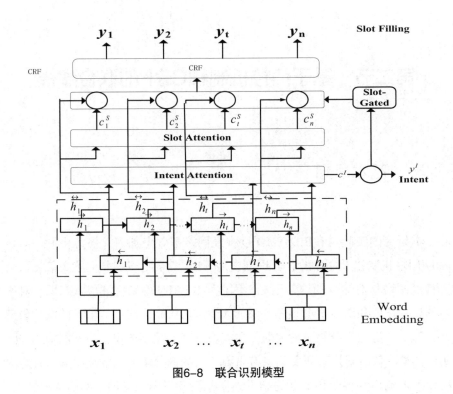

图6-8　联合识别模型

　　本章中使用tensorflow中的CRF模块tf.contrib.crf.crf_log_likelihood，其输入包含以下两个部分：第一，BiLSTM的输出结果部分，这部分是一个输入序列长度*标签个数的概率矩阵；第二，输入序列的长度。通过这两部分得到转移矩阵，并将转移矩阵的结果使用tf.contrib.crf.crf_decode函数解码得到包含最高分的标签序列，最高分数对应的标签序列即为输入序列的标注。

对于语义槽填充任务，给定输入序列 $X = (x_1, x_2, ..., x_n)$，预测输出序列 $y = (y_1, y_2, ..., y_n)$，这个预测的得分如公式（6-15）所示：

$$s(X, y) = \sum_{i=0}^{n} A_{y_i, y_{i+1}} + \sum_{i=1}^{n} P_{i, y_i} \tag{6-15}$$

其中，$A_{y_i, y_{i+1}}$ 表示转移矩阵，$P_{i, y_i}$ 表示深度学习模型对于当前词对应的标注中可能出现的标签的概率矩阵，由 $s(X, y)$ 的值得到最终的语义槽标注，下面是CRF模型的转移矩阵 $A$ 及神经网络模型在不同时刻对应不同标签的概率矩阵 $P$。

$$A \quad k*k矩阵: \begin{array}{c} \\ l_1 \\ l_2 \\ ... \\ l_k \end{array} \begin{array}{ccc} l_1 & l_2 ... & l_k \\ \\ \left( \quad\quad\quad\quad \right) \end{array} \quad A_{ij} \text{表示从标签}_i\text{转移到标签}_j\text{的打分}。$$

$$P \quad n*k矩阵: \begin{array}{c} \\ x_1 \\ ... \\ x_n \end{array} \begin{array}{cccc} l_1 & l_2 & ... & l_k \\ \left( \begin{array}{cccc} B & I & ... & O \\ ... & ... & ... & ... \\ B & I & ... & O \end{array} \right) \end{array} \quad P \text{为不同时刻对应不同标签的概率}$$

矩阵。

上面矩阵中，$n$ 表示输入短文本词的长度，$k$ 表示标签数，$P_{ij}$ 表示第 $i$ 个词对应的第 $j$ 个标签的打分，$P_{i, y_i}$ 为第 $i$ 个位置Softmax输出为 $y_i$ 的概率，$A_{y_i, y_{i+1}}$ 表示从 $y_i$ 到 $y_{i+1}$ 的转移概率。这个得分函数弥补了神经网络模型的不足之处。当 $P_{i, y_i}$ 对应的输出 $y_i$ 概率最大时，此时不能将 $y_i$ 直接作为输出，还要考虑 $A_{y_i, y_{i+1}}$ 的转移概率，只有统计模型CRF中的转移概率 $A_{y_i, y_{i+1}}$ 和神经网络模型中Softmax输出的 $P_{i, y_i}$ 求和为最大时，此时的输出 $y_i$ 才是模型的预测输出结果，公式（6-16）为 $p$ 的计算公式：

$$p(y \mid X) = \frac{e^{s(X,y)}}{\sum_{\tilde{y} \in Y_X} e^{s(X,\tilde{y})}} \tag{6-16}$$

上式中，$\tilde{y}$ 是正确标注序列，$\tilde{y}$ 表示模型的预测输出，对真实标记序列 $y$ 的概率取对数，如公式（6-17）所示：

$$\log p(y \mid X) = s(X,y) - \log(\sum_{\tilde{y}} e^{s(X,\tilde{y})}) \tag{6-17}$$

模型训练好之后对测试集进行预测输出标签，如公式（6-18）所示：

$$y^* = \underset{\tilde{y} \in Y_X}{\arg\max}\, s(X,\tilde{y}) \tag{6-18}$$

## 二、对比实验介绍

本章中联合建模的对比实验主要有六个，分别如下所示：

（1）LSTM模型作用于意图识别和语义槽填充任务。

（2）在对比实验1的基础上加入注意力机制，即LSTM模型中加入注意力机制作用于口语理解中的两项任务，验证注意力机制对于实验结果的影响。

（3）BiLSTM模型用于口语理解中两个任务的联合识别，与实验1相比，验证双向LSTM对于实验的影响。

（4）在对比实验3的基础上加入注意力机制，即BiLSTM模型中加入注意力机制用于口语理解中两个任务的联合识别。

（5）由于意图和语义槽填充任务具有相关性，因此在对比实验4的基础上采用加入slot-gated门控机制的模型，并将注意力机制仅用于意图识别任务，模型为BiLSTM-attention-slot_gated（intent）。

（6）对比实验5的基础上，将注意力机制作用于两项任务，即BiLSTM-attention-slot_gated（full attention）。

## 三、实验数据

### （一）数据格式

由于模型是有监督的训练模型，所以需要对分词后的短文本语句进行标注，这里采用BIO标签进行标注，表6-1是航空信息领域的查询语句训练时的数据标注举例。

表6-1　训练数据标注举例

| 语句 | 星期一 | 我 | 想 | 从 | 北京 | 飞往 | 大连 |
|---|---|---|---|---|---|---|---|
| 语义槽标注 | B-date. day_name | O | O | O | B-fromloc. city_name | O | B-toloc. city_name |
| 意图识别 | 查机票 | | | | | | |
| 语义槽填充 | 〈出发日期〉：星期一<br>〈出发城市〉：北 京<br>〈到达城市〉：大 连 | | | | | | |

模型的训练数据格式为 $[(x_1,y_1,z_1),(x_2,y_2,z_2),...,(x_n,y_n,z_n)]$，$n$ 表示训练语料的大小，即短文本的句子数目，其中 $x_1,x_2,...,x_n$ 代表编号为1到 $n$ 的短文本句子，$y_1,y_2,...,y_n$ 代表 $n$ 个短文本输出的语义槽标签，$z_1,z_2,...,z_n$ 分别代表 $n$ 个短文本对应的意图类别。其中，每个 $x_i$ 对应不同的 $x_i^1,x_i^2,...,x_i^k$（$k=1,2,3,...$），表示一个句子 $x_i$ 是由分词后的 $k$ 个词汇组成，每个 $y_i$ 对应不同的 $y_i^S$（$S \in [0,m]$），$m$ 表示语义槽类型个数，$y_i^S$ 表示其词对应的标注。

### （二）数据预处理

在获取语料后，首先对数据集中的短文本语句使用Jieba工具分词，在分词过程中，由于不同领域的特定名词不同，因此在jieba分词中建立用户词典，为后续的标注任务做更好的分词准备。其次，进行特征提取，第一，由于本章采用有监督的训练模型，因此需要对短文本进行序列标注以及意图分类标注；第二，由于本研究采用的是深度神经网络模型，因此需要对分词后的结果进行词向量训练。本章在语义槽填充的序列标注过程采用字符串匹配的方式，在语义槽填充的序列标注过程中采用BIO进行标注，同时对预处理后的语料实现意图识别标注。图6-9为语料收集及预处理过程。

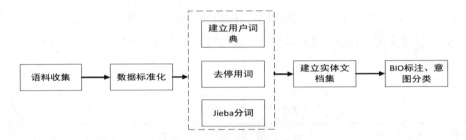

图6-9　语料收集及预处理

　　在数据预处理结束后，需要使用对词汇进行向量化表示，从而获取包含语义信息的词向量，并输入到本研究的深度学习模型当中，更好地进行意图识别和语义槽填充任务。

## （三）实验设置

　　本章采用的编程语言为Python3.5，深度学习框架为Tensorflow，批处理大小为batch_size = 16，训练学习的衰减指数为decay_rate = 0.9，神经网络的层数为layer_size = 64，学习率为learning_rate = 0.001。硬件环境如下所示：操作系统为Windows7，运行内存为8G，实验代码支持GPU加速。

## （四）实验过程

　　深度学习模型是一个端到端的模型，不需要依赖特征工程，是一个数据驱动的方法。本研究使用基本深度学习模型BiLSTM，并在BiLSTM经过训练得到隐藏层状态后加入注意力机制作用于意图识别任务和语义槽填充任务。由于意图对于语义槽填充任务具有一定的辅助作用，即意图可以帮助确定用户话语中的语义槽类型，从而帮助找到语义槽类型对应的语义槽值，更好地理解用户话语，同时Goo提出的slot-gated机制将意图的结果作用于语义槽填充结果，因此本研究将意图识别的结果使用slot-gated机制作用于语义槽填充任务。由于深度神经网络模型在标注任务过程中是为每个词独立标注，不能考虑到序列之间的依赖关系。但CRF模型可以考虑标签前后的依赖关系，因此，本研究在注意力机制和slot-gated机制后加入CRF模型做结果后处理工作，使得标注结果更为准确，这样既可以利用神经网络BiLSTM模型将上下文信息作用于结果的输出，同时可以使结果符合前后标签的逻辑约束。

主要的实验过程如下所示：首先对收集的数据进行预处理，包括文本的数据清理、分词，然后对分词后的短文本进行词向量化，再将词向量输入到BiLSTM模型中，对意图识别和语义槽填充任务都加入注意力机制。对于意图识别任务，注意力机制之后直接输出短文本的意图结果。对于语义槽填充任务，采用slot-gated门控机制将意图结果作为获取语义槽的特征信息，最后将加入注意力机制和slot-gated门控机制的特征矩阵作为CRF模型的输入，最终得到语义槽标注的结果。

## 四、实验结果及分析

联合识别模型的对比模型如下：LSTM、LSTM-attention、BiLSTM、BiLSTM-attention、BiLSTM-attention-slot_gated模型，在两个数据集上分别进行实验，表6-2为不同模型在航空信息领域数据集下的意图识别和语义槽填充的性能对比。

表6-2　联合识别的性能对比（航空信息领域数据集）

| 序号 | 模型 | 意图识别准确率/% | 语义槽填充F1值/% |
|---|---|---|---|
| 1 | LSTM | 83.43 | 96.88 |
| 2 | LSTM+attention | 90.93 | 97.38 |

| 序号 | 模型 | 意图识别准确率/% | 语义槽填充F1值/% |
|---|---|---|---|
| 3 | BiLSTM | 91.04 | 97.83 |
| 4 | BiLSTM+attention | 91.83 | 98.10 |
| 5 | BiLSTM+attention+slot-gated（intent） | 92.16 | 98.77 |
| 6 | BiLSTM+attention+slot-gated（full attention） | 92.72 | 98.91 |
| 7 | BiLSTM+attention+slot-gated+CRF | **93.20** | **99.28** |
| 8 | SVM | 91.16 | — |
| 9 | TextCNN | 90.44 | — |
| 10 | BiGRU | 93.00 | — |
| 11 | CNNBiGRU | 91.52 | — |
| 12 | CRF | — | 96.90 |

　　从表6-2中的模型1和模型3可以看出，BiLSTM模型在意图识别和语义槽填充任务中性能优于LSTM，加入注意力机制的模型性能优于不加注意力机制的模型，这是由于BiLSTM可以捕获序列文本长距离依赖关系以及上下文信息，更好的获取全局语义信息。同时，从模型5和模型6可以看出，加入slot-gated机制的模型在性能上均优于其他联合识别模型，slot-gated门控机制可以更好地说明意图识别对于语义槽填充任务的影响，较基线模型1中的LSTM，意图识别和语义槽填充结果的性能都显著提升，实验结果表明注意力机制对两任务的影响以及slot-gated门控机制中意图识别任务和语义槽填充任务的正相关性。

　　模型7为本研究改进的实验模型——BiLSTM-attention-slot_gated+CRF。该模型在意图识别准确率上高于基线模型9.57%，在语义槽填充F1值上高于LSTM模型2.4%，是整个对比模型中语义槽填充性能最好的模型。

　　由于本章的实验模型是在slot-gated门控机制的模型上进行改进的。因此，本研究的实验模型相比于模型6，意图识别的准确率提高了0.48%，语义槽填充F1值提高了0.37%，证明CRF对于模型的性能有所提升，证明结合统计模型可以考虑到标签序列前后的相互依赖关系。相较于模型4——

BiLSTM-attention机制，本研究的实验模型在其基础上加入slot-gated机制以及CRF模型，在意图识别准确率上提高1.37%，在语义槽填充F1值上提高1.18%，证明slot-gated机制对于语义槽填充任务的性能提升有所帮助。模型4和模型5相比，在意图识别和语义槽填充任务上都加入注意力机制的模型BiLSTM-attention-slot_gated（full attention）的性能高于仅在意图上使用注意力机制的模型BiLSTM-attention-slot_gated（intent）。表6-3为不同模型在SMP2019-ECDT人机对话技术评测数据集上的意图识别和语义槽填充结果。

表6-3　联合识别的性能对比（SMP2019-ECDT）

| 序号 | 模型 | 意图识别准确率/% | 语义槽填充F1值/% |
|---|---|---|---|
| 1 | LSTM | 88.39 | 53.18 |
| 2 | LSTM+attention | 90.14 | 72.64 |
| 3 | BiLSTM | 90.27 | 75.59 |
| 4 | BiLSTM+attention | 90.33 | 76.58 |
| 5 | BiLSTM+attention+slot-gated（intent） | 90.36 | 77.48 |
| 6 | BiLSTM+attention+slot-gated（full attention） | 90.52 | 77.60 |
| 7 | BiLSTM+attention+slot-gated+CRF | 90.72 | 78.15 |
| 8 | SVM | 88.24 | — |
| 9 | TextCNN | 81.99 | — |
| 10 | BiGRU | 86.99 | — |
| 11 | CNNBiGRU | 82.44 | — |
| 12 | CRF | — | 77.21 |

从表6-3实验结果可以看出，不同模型在SMP2019-ECDT数据集上进行联合识别时，本章提出的模型达到了最好的性能，原因如下：首先，将注意力机制应用于神经网络之上，可以更好的理解话语语义；其次，加入slot-gated门控机制用于语义槽填充任务，可以将意图识别的结果作为语义槽填充任务的补充，由于意图结果中包含整个短文本的语义信息，因此加入语义

槽填充任务中可以将整个短文本的特征信息作为语义槽填充结果的参考。

　　本章的实验模型7的意图识别准确率为90.72%，语义槽F1值为78.15%，相比于基线模型LSTM，意图识别准确率提高了2.33%，语义槽填充F1值提高了24.97%。相比于单独做语义槽填充任务的CRF模型，本章的实验模型在语义槽填充任务上F1值高于CRF模型0.94%，主要是由于神经网络模型可以自动提取特征、注意力机制和slot-gated门控机制作用于语义槽填充任务，使得本章的实验模型相比于CRF独立模型性能有所提升。同时，CRF独立模型作用于语义槽填充任务性能均高于以下几个联合识别模型：LSTM联合识别模型、LSTM-attention联合识别模型、BiLSTM联合识别模型以及BiLSTM-attention联合识别模型。从实验结果可以证明CRF模型在语义槽填充任务中具有一定的优越性。

　　相同的联合识别模型在SMP2019-ECDT数据集上的语义槽填充的性能明显低于在航空信息领域的数据集上的性能。主要是由于SMP2019-ECDT的语句比较少，模型很难通过少量数据捕获深层次的语义信息。同时，该语料的语义槽类型相比于航空信息领域数据集较多，该语料中不同意图对应的句子数目差距比较大，数据分布不均衡。表6-4为影响语义槽填充F1值偏低的相关类型举例。

表6-4　SMP数据集语义槽填充F1值偏低的类型举例

| 文本 | 意图 | 语义槽填充 |
| --- | --- | --- |
| 发送短信给老婆我在三号楼三零幺刚才那个教室关门了 | send message | name：老婆<br>B-content：我在三号楼三零幺刚才那个教室关门了 |
| 星期天早晨我们一起去打篮球英语怎么说 | translation | B-content：星期天早晨我们一起去打篮球<br>B-target：英语 |
| 辛夷坞原来你还在这里小说 | query novel | B-author：辛夷坞<br>B-name：原来你还在这里 |

　　从表6-4可以看出，该数据集中意图包含"send message""translation""query novel"等意图；这类型意图对应的语义槽类型为"B-content"和"B-name"，而且该语义槽对应的槽值为"发短信内容""翻译内容"以及

"小说内容"；该内容涉及的槽值内容较长，实验的分词过程中没有将其槽值分词，但是该槽值内容不分词会影响其他意图对应语义槽填充。由于这类型的句子会影响语义槽填充F1值，后续会将该类意图对应的槽值内容比较长的文本在分词过程将其切分，并将语义槽标签标注为B-content、I-content等。除此以外，由于该数据集包含不同的领域，不同领域对应不同的意图，而本书不考虑领域，只将文本的意图和语义槽联合识别，所以实验性能有所影响。

# 第三节　基于BERT的联合建模

本节主要针对本研究的实验模型——基于BERT的意图识别和语义槽填充联合建模模型进行介绍，从实验模型、实验设置、实验数据等角度阐述，并在中英文数据集上实验，然后将该实验模型同当前主流的联合建模模型进行对比，最后对实验结果进行分析。

## 一、基本思想

在意图识别和语义槽填充的独立建模中，没有考虑任务之间高度关联、互相影响的关系，而且独立建模导致语义信息不能被充分利用和共享。此外，目前意图识别和语义槽填充的联合建模方法中仍有一些问题需要解决：（1）大多模型没有考虑语义层面上的联合学习和共享，不能有效地利用两任务之间的相互依赖关系，仅通过表层的参数共享进行联合学习；（2）双向信息对语义信息的表示至关重要，但是目前的模型仅利用了上文信息，或仅采用两个方向序列神经网络对语义信息进行拼接，没有交互信息，因此在预测意图标签和语义槽标签时不能充分捕获到完整的上下文信息；（3）语义消歧一直是影响NLP发展的一大重要因素，而Word2Vec、GloVe等静态词向量无法根据不同语境动态表征词的多义性。

综上所述，本研究采用基于表义能力强大的BERT模型完成意图识别和语义槽填充的联合建模，基于Transformer模型建模的BERT模型忽略距离对全局信息深度编码，捕获整个输入语句的全部上下文特征，进而得到包含丰富句法和语义信息的词向量，同时可以直接获得整个句子的向量表示，而不是通过对句子中每个词向量的简单叠加作为句向量表示。此外，BERT模型通过预训练再精调的方式可以根据上下文动态调整词向量，以解决一词多义的问题。

本章的任务是根据输入话语 $X = (x_1, x_2, ..., x_n)$，利用意图识别和语义槽填充联合建模模型得到当前输入话语的意图标签I以及每个字所对应的语义槽标签 Slots=$(y_1, y_2, ..., y_n)$。

## 二、基于BERT的意图识别和语义槽填充联合建模实验模型

本研究采用BERT模型对意图识别和语义槽填充联合建模学习。首先，模型的底层是输入层，目的是将输入文本转换为稠密的向量序列，针对传统方法使用Word2Vec作为模型的语义表示不能解决语义歧义的问题，本研究采用由Token Embeddings、Segment Embeddings、Position Embeddings相叠加构成的BERT词向量代替Word2Vec，使用高质量的动态词向量解决语义歧义问题并提升模型捕获语义信息的性能；其次是基于Transformer建模的BERT精调模型，利用12层Transformer深度编码提取输入文本的上下文特征，并直接获得整个句子的向量表示 $T_{[CLS]}$ 和包含丰富语义信息的 $\{T_1, T_2, ..., T_N\}$；最后通过Softmax函数输出对应的最佳意图标签和语义槽标签。基于BERT的意图识别和语义槽填充联合建模实验模型流程图如图6-10所示：

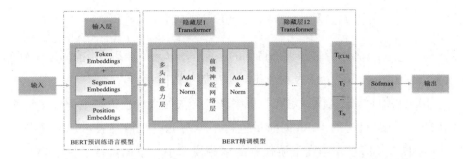

**图6-10 基于BERT的意图识别和语义槽填充联合建模实验模型流程图**

对于输入"北京飞往上海的航班"这一语句，基于BERT模型的意图识别和语义槽填充联合建模模型图如图6-11所示。在模型的开头和结尾分别加入[CLS]和[SEP]特殊标签，并通过词向量、句向量和位置向量的叠加一同作为联合建模模型的输入。然后再通过12层Transformer模型对输入文本深度建模，提取深层次的语法语义信息，最后由Softmax函数线性变换得到对应的意图标签和语义槽标签。

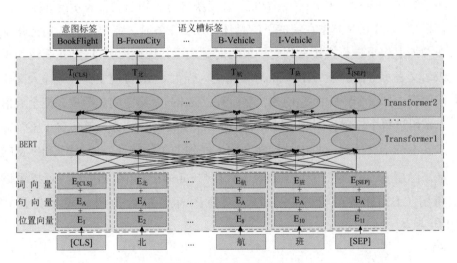

**图6-11 基于BERT模型的意图识别和语义槽填充联合建模模型**

模型中每个字的输入$E_i$由公式（6-19）表示：

$$E_i = E_{token}(x_i) + E_{seg}(x_i) + E_{pos}(x_i) \qquad (6\text{-}19)$$

其中，$E_{token}(x_i)$表示经过预训练得到的字向量，$E_{seg}(x_i)$表示当前词位于A句或B句的句向量，$E_{pos}(x_i)$表示当前词所在的位置向量。

BERT预训练语言模型是在与最终任务无关的大规模语料上训练得到的词向量，虽然此时的BERT词向量包含了丰富的语义信息表示，但这是一种融合的语义信息，当在下游任务的精调模型中，单词具备了特定的上下文，BERT模型能够根据具体语境在实际应用场景下通过上述三种向量叠加的方法动态调整词向量，得到更符合当前上下文的语义表示。例如，当前词为"book"时，预训练得到的词向量中既包含了"预订"的语义，又包含了"书本"的语义，然后在下游任务中，输入文本为"They want to borrow a book from the library."时，基于注意力建模的BERT模型会给"library"分配更多的注意力权重，所以最终输出的"book"词向量会更偏向"书本"的语义，解决了语义歧义的问题。

在意图识别任务中，需要通过编码上下文语义信息获得整个输入语句的句子级向量表示。BERT是一个可以直接获得整个句子向量表示的句子级语言模型，而ELMo模型在完成下游具体的NLP任务时，需要进行全局池化操作并加上权重进行拼接得到句子级的向量表示，因此BERT模型在获得句子级语义表示方面的能力比ELMo等模型更为强大。BERT模型在每个输入文本前面都添加一个特殊标签[CLS]，然后Transformer忽略空间和距离，把全局信息编码进每个位置，因此经过Transformer深度编码的[CLS]标签包含了整个输入文本的语义信息，可以学到整个输入序列的上层特征，而且[CLS]标签的最高隐层$T_{[CLS]}$作为整个句子的表示直接与Softmax输出层相连接，所以可以利用[CLS]标签的隐藏状态$T_{[CLS]}$对意图标签进行预测，表示为公式（6-20）：

$$y^i = \text{softmax}(W^i T_{[CLS]} + b^i) \qquad (6\text{-}20)$$

其中，$W^i$是权重矩阵，$b^i$是偏置项。

Softmax函数的本质是将一个$K$维的任意实数向量压缩映射成另一个$K$维

的实数向量。当Softmax用于多分类任务中时，可以将多个神经元的输出映射到（0，1）区间内，其中每个维度的数值代表"当前词是该标签的概率"，最后选取概率最大值所对应的标签作为模型最终的标注标签。Softmax函数如公式（6-21）所示：

$$\sigma(z_j) = \frac{e^{z_j}}{\sum_{k=1}^{K} e^{z_k}}$$

（6-21）

其中，$j = 1, 2, \cdots, K$。

对于语义槽填充任务，BERT模型将输入文本中其他词项的最终隐藏状态 $\{T_1, T_2, ..., T_N\}$ 输入到Softmax层，然后对每一个输出进行线性变换得到对应的语义槽标签，表示为公式（6-22）：

$$y_n^s = \text{softmax}(W^s T_n + b^s), n \in (1...N)$$

（6-22）

然后用极大似然估计法最大化意图识别和语义槽填充两个任务的条件概率目标函数，表示为公式（6-23）：

$$p(y^i, y^s \mid x) = p(y^i \mid x) \prod_{n=1}^{N} p(y_n^s \mid x)$$

（6-23）

使用交叉熵（Cross Entropy）作为模型的损失函数，衡量真实的概率分布和模型预测结果的概率分布之间的相似性，表示为公式（6-24）：

$$H(p, q) = -\sum_{y^i, y^s} p(y^i, y^s \mid x) \log(q(y^i, y^s \mid x))$$

（6-24）

其中，$p$表示在输入序列$x$时，真实的意图标签和语义槽标签的分布，$q$表示在输入序列$x$时，经过模型训练后对意图标签和语义槽标签的预测分布，$H(p,q)$表示$p$与$q$之间的相似性。当交叉熵越低时，就表明这两个概率分布越相似，模型的效果越好。具体的可以记为公式（6-25）：

$$Loss=-\left(\sum_{k=1}^{l_i}(y_k^i|x)\cdot\log\left(\hat{y}_k^i|x\right)\right)-\left(\sum_{n=1}^{N}\sum_{m=1}^{l_s}(y_m^s|x)\cdot\log\left(\hat{y}_m^s|x\right)\right) \qquad （6-25）$$

其中，$l_i$ 和 $l_s$ 分别代表意图标签和语义槽标签的数量，$y_k^i|x$ 和 $y_m^s|x$ 分别表示真实的意图标签和语义槽标签的分布，$\hat{y}_k^i|x$ 和 $\hat{y}_m^s|x$ 分别表示模型训练后对意图标签和语义槽标签的预测分布。

BERT模型通过预训练加精调的方法能够根据不同的上下文动态调整词的语义表示，比传统的词向量在捕获语义信息方面的能力更强，而且BERT模型通过堆叠多层Transformer模块对输入文本深度编码。其中，低层Transformer主要学习自然语言的表层特征，中层学习编码句法信息，高层编码文本的语义特征，同时高层语义可以指导修正低层的句法特征，对低层的知识有反馈作用。所以，相较于COVE（Contextualized Word Vectors）、ELMo模型，BERT模型编码了更多的句法、语义信息，并能够充分利用深层次的语义信息更好地解决NLU任务。此外，预训练模型的参数可以用来初始化下游任务的精调模型，比从头开始训练的模型能够更快地达到较好的效果。

## 三、实验数据及设置

### （一）实验数据

本实验采用的数据集包括英文数据集和中文数据集两部分。英文数据集选用自然语言理解模块中ATIS和Snips两个公有数据集，其中，ATIS数据集由真实场景下机票订购服务产生，训练集中包含21种意图标签和120种语义槽标签；Snips数据集是从Snips个人语音助手收集到的文本，训练集包含7种意图标签和72种语义槽标签。两个中文数据集分别是SMP和航空领域信息查询数据集，SMP数据集共2579条短文本语句，本研究对其按照7∶2∶1的比例分为训练集、测试集以及开发集三部分；航空领域信息查询数据集中共

5871条短文本语句，也将其分为训练集、测试集以及开发集三部分。本研究所使用的实验数据集规模如表6-5所示：

表6-5 实验数据规模

| 数据集名称 | | 总数（条） | 训练集（条） | 测试集（条） | 开发集（条） |
|---|---|---|---|---|---|
| 英文 | ATIS | 5871 | 4478 | 893 | 500 |
| | Snips | 14484 | 13084 | 700 | 700 |
| 中文 | 航空领域信息查询数据集 | 5871 | 4478 | 893 | 500 |
| | SMP | 2579 | 1805 | 517 | 257 |

表6-6统计了四个数据集中的意图种类和语义槽种类，并进行了举例。

表6-6 数据集意图类别和语义槽类别及举例

| 数据集名称 | 意图种类（种） | 意图类别举例 | 语义槽种类（种） | 语义槽类别举例 |
|---|---|---|---|---|
| ATIS | 21 | atis_flight、atis_flight#atis_airfare | 120 | B-depart_date.day_name、B-airline_code、B-toloc.city_name等 |
| Snips | 7 | AddToPlaylist GetWeather PlayMusic | 72 | B-movie_type、B-restaurant_type、B-year等 |
| 航空领域信息查询数据集 | 21 | 查机票、问票价、查班次等 | 19 | 出发地、目的地、出发时间、价格等 |
| SMP2019人机对话 | 22 | 查询、搜索、观看、回播等 | 55 | 美食名、电视节目、种类、名称、成分等 |

## （二）实验数据的预处理

在英文语料中单词为最小单位，且每个单词之间都有空格作为切分，所以无需进行过多的预处理。对于中文语料，为了满足以单个汉字为最小输入单位的BERT模型，需要对标准化后的数据进行预处理，即先将短文本拆分成由单个汉字组成的序列，此外，由于本研究的实验模型是有监督的训练模型，所以需要对分词后的短文本语句进行意图标签和语义槽标签的标注。图6-12为语料收集及预处理过程。而且根据BERT模型的要求，需要预先设定最大序列长度，并根据此参数对未达到最大序列长度的序列进行填充。

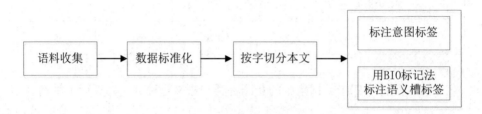

图6-12　语料收集及预处理

在对语义槽进行标注时，常采用的数据标注方法有Begin/In/Out（BIO）三段标记法和Begin/Inside/Outside/End/Single（BIOES）五段标记法两种。在BIO三段标记法中，对于每个实体，将其第一个字标记为"B-实体名称"，后续的标记为"I-实体名称"，对于无关字一律标记为"O"。BIOES五段标记法需要将实体的最后一个字标记为"E-实体名称"，单字构成的实体标为"S"。BIOES五段标记法容易将分词产生的误差向下传播，影响模型最终效果。相比而言，BIO三段标记法最大的优点是支持逐字标记，而且BERT模型也是以单个字为最小单位，所以本实验采用BIO三段标记法对语义槽进行标注，对于输入"周日从北京飞往上海"这一文本的语义槽标注如图6-13所示：

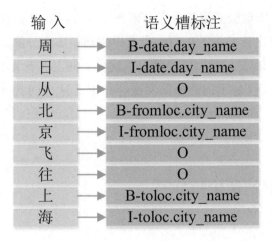

图6-13　语义槽及意图标注示例

## （三）实验设置

本研究采用Python3.6作为编程语言，使用Tensorflow1.12深度学习框架。对于模型的输入部分，本实验采用的模型是Google已发布的BERT预训练模型，其中在英文数据集上使用英文版本的BERT_base模型，在中文数据集上使用中文版本的BERT-Base Chinese模型。表6-7中列出了BERT各模型的参数对比。

表6-7　BERT各模型参数对比

| 模型名称 | Transformer层数（层） | 隐藏层大小 | 多头注意力头数 | 最大输入长度 | 总参数 |
|---|---|---|---|---|---|
| BERT-TEST | 8 | 512 | 8 | 512 | 17M |
| BERT-BASE | 12 | 768 | 12 | 512 | 110M |
| BERT-LARGE | 24 | 1024 | 24 | 512 | 340M |
| BERT-Base Chinese | 12 | 768 | 12 | 512 | 110M |

BERT预训练模型使用基于字节编码（Byte–Pair Encoding，BPE）的WordPiece标记化技术将不在词汇表之中的词一步步分解成子词。因为子词是词汇表的一部分，模型已经学习了这些子词在上下文中的表示，并且该词的上下文仅仅是子词的上下文组合，因此这个词就可以由一组子词表示。

## 四、模型的评价指标

意图识别的性能使用意图识别准确率作为评价指标，计算公式如（3-19）所示。语义槽填充使用F1值作为评价指标，计算公式如（3-22）所示。

## 五、实验结果及分析

第一组实验：基于BERT的意图识别和语义槽填充联合建模模型在航空领域信息查询数据集上的超参数调整，主要讨论模型收敛的步数，实验结果如表6-8所示。因为BERT模型是大规模预训练语言模型，因此在模型的训练过程中会消耗大量计算资源，而模型会在一定步数下收敛，继续进行预训练会降低模型的准确率。因此，当模型收敛时，应当停止预训练过程，以减少资源的浪费。本研究将可调参数batch size分别设定为8、16、32、64，学习率分别设定为1e–5、2e–5、3e–5、4e–5、5e–5，寻找模型的最优参数。

表6-8 基于BERT模型的参数调整实验结果（航空领域信息查询数据集）

| 模型 | 学习率 | | | | | | | | | |
|---|---|---|---|---|---|---|---|---|---|---|
| | 1e-5 | | 2e-5 | | 3e-5 | | 4e-5 | | 5e-5 | |
| | 意图识别准确率 | 语义槽填充F1值 | 意图识别准确率 | 语义槽填充F1值 | 意图识别准确率 | 语义槽填充F1值 | 意图识别准确率 | 语义槽填充F1值 | 意图识别准确率 | 语义槽填充F1值 |
| Batch Size = 8 | 94.32 | 93.25 | 95.06 | 94.08 | 95.26 | 93.34 | 95.96 | 93.49 | 95.41 | 93.78 |
| Batch Size = 16 | 95.25 | 93.19 | 94.12 | 93.21 | 95.36 | 93.68 | 96.21 | 93.72 | 95.26 | 94.26 |
| Batch Size = 32 | 95.34 | 93.22 | 94.35 | 93.41 | 94.12 | 93.59 | 95.66 | 93.96 | 96.54 | 95.43 |
| Batch Size = 64 | 95.56 | 93.42 | 94.93 | 93.65 | 95.67 | 93.12 | 96.78 | 94.43 | 96.08 | 95.07 |

从表6-8可以看出，在航空领域信息查询数据集中，当Batch Size=64和学习率为4e-5时，意图识别的准确率达到了96.78%的最高值，当Batch Size=32和学习率为5e-5时，语义槽填充F1值达到了95.43%的最高值。在反向更新权重时，学习率的值越大训练速度越快，值越小训练越慢收敛速度越慢，容易造成过拟合。批量处理数据集的大小，Batch Size值越大训练速度越快，同样内存占用的也越多。图6-14、图6-15分别代表不同的超参数时意图识别的准确率和语义槽填充的F1值。

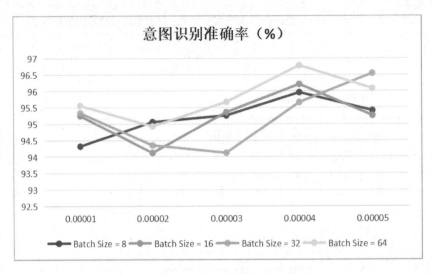

图6-14　不同超参数时意图识别准确率（%）

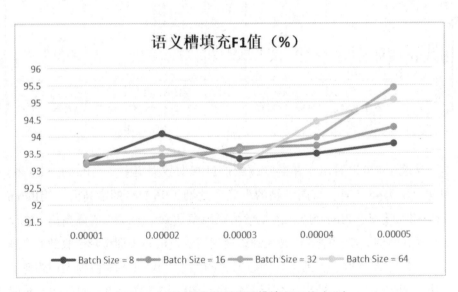

图6-15　不同超参数时语义槽填充F1值（%）

第二组实验：基于BERT的意图识别和语义槽填充联合建模模型在英文数据集上进行实验，验证BERT模型采用Transformer编码器建模比RNN-LSTM、两个相反方向的长短时记忆网络简单拼接的BiLSTM+Attention和基于动态路由机制的胶囊网络更能有效识别意图标签和语义槽标签。此外，考虑到英文大小写的重要性，本章还在BERT模型中分别采用cased（进行大小写转换）和uncased（未进行大小写转换）BERT模型进行实验，验证英文大小写对于模型识别效果的影响。英文数据集上不同模型联合建模的性能对比结果如表6-9所示。

表6-9 英文数据集上不同联合建模模型的性能对比结果

| 数据集名称 | 模型 | 意图识别准确率（%） | 语义槽填充F1值（%） | cased/uncased |
|---|---|---|---|---|
| ATIS | RNN–LSTM（Hakkani–Tür，2016） | 96.70 | 91.80 | — |
| | BiLSTM+Attention（Liu，2016） | 94.40 | 95.62 | — |
| | 胶囊网络（Zhang，2018） | 95.00 | 95.20 | — |
| | BERT | 97.24 | 95.73 | uncased |
| | | 97.76 | 95.18 | cased |
| Snips | RNN–LSTM（Hakkani–Tür，2016） | 96.90 | 87.30 | — |
| | BiLSTM+Attention（Liu，2016） | 96.72 | 87.81 | — |
| | 胶囊网络（Zhang，2018） | 97.70 | 91.80 | — |
| | BERT | 97.86 | 94.06 | uncased |
| | | 98.57 | 95.18 | cased |

由表6-9可以看出，在两个英文公有数据集中，基于BERT的意图识别和语义槽填充联合建模模型相较于其他主流模型都取得了更好的效果。

RNN–LSTM模型使用LSTM捕获语义信息时，当前时刻的状态高度依赖于当前时刻的隐状态和上一时刻的输出状态，虽然保留了文本的位置信息，收敛速度快，但是随着距离的增长，对长距离的链式求导的影响不能从根本上解决，所以梯度爆炸或梯度消失的问题也依旧存在；而且只能捕获从左到右的单向信息，没有充分利用输入文本的上下文信息；此外，这种序列化的架构不能并行计算，导致模型的运算速度较慢。

BiLSTM+Attention模型在LSTM的基础上加入注意力机制对输入文本进行聚焦式建模得到更丰富的语义信息表示，而且通过两个相反方向的LSTM拼接能够简单实现双向捕获上下文信息。相对于RNN-LSTM模型，在语义槽填充任务上得到了一定的提升，但在输出时没有考虑到语义槽标签的全局归一化，容易出现偏置问题；对于意图识别任务，简单取最大值进行意图识别会有信息熵损失，所以性能有所降低；而且两个方向的LSTM独立运行，不交互信息，也不能并行计算。

胶囊网络针对CNN模型通过最大池化操作简单选取最大值而忽略小概率语义信息的不足，提出动态路由算法保证了特征的完整性，而且能够捕获意图和语义槽之间的结构关系，意图识别和语义槽填充的性能相对较好，但是受算法复杂影响，导致模型的复杂度高、运算速度较慢等问题。

本研究提出的基于BERT的意图识别和语义槽填充联合建模模型是通过在MLM预训练任务中引入噪声数据再去噪的自编码模型思想，相对于上述模型可以实现双向捕获上下文，进而BERT预训练语言模型可以得到包含更加全面丰富的上下文语义信息的特征向量表示；而且基于多头注意力建模的BERT模型相对于BiLSTM+Attention模型可以从多个维度捕获语义信息，提升了模型关注不同维度信息的能力；此外，预训练加精调的架构不仅解决了一词多义的问题，而且可以基于少量监督学习样本完成下游任务，泛化能力得到一定的提升；BERT模型还可并行计算。因此，基于BERT的意图识别和语义槽填充任务取得了较好的性能，验证了基于Transformer编码器建模的BERT模型直接将包含整个句子语义信息的[CLS]标签作为意图标签的有效性，以及利用其在捕获语义信息方面的强大优势帮助提升语义槽填充的性能。

此外，在BERT模型中分别采用cased和uncased模型的实验中，ATIS和Snips两个英文数据集上均是区分大小写的模型取得了更好的效果，产生这种结果可能的原因是在区分大小写转换的BERT模型中，同一个单词会在词汇表中出现大写和小写两种形式，并形成可以处理具有更多参数、数量更大的词汇表，可能会相较于不区分大小写的BERT模型学习到的语义信息更加准确。例如，当输入的短文本语句中包含歌名、人名、地名等实体信息时，区分大小写的模型比不区分大小写的模型更加容易捕捉到这种大小写敏感的实体信息。但是当数据集的样本量较大时，区分大小写会增加样本的复杂程度，进而导致模型发生欠拟合的风险增加。

第三组是验证基于BERT的意图识别和语义槽填充联合建模模型在中文数据集上的效果，结果如表6-10所示：

表6-10　中文数据集上基于BERT的意图、语义槽联合建模实验结果

| 数据集名称 | 总数（条） | 意图种类（种） | 语义槽种类（种） | 意图识别准确率（%） | 语义槽填充F1值（%） |
|---|---|---|---|---|---|
| SMP | 2579 | 22 | 66 | 91.43 | 86.44 |
| 航空领域信息查询数据集 | 5871 | 21 | 127 | 96.78 | 95.43 |

从表6-10可以看出，基于BERT的意图识别和语义槽填充联合建模模型在两个中文数据集上均取得了较好的性能，对比两个中文数据集上的实验结果可以看出，在航空领域信息查询数据集上的意图识别准确率和语义槽填充的F1值均高于在SMP数据集上的结果，可能的原因有以下几点：

（1）数据集的规模。航空领域信息查询数据集的规模是SMP数据集规模的两倍多，而两个中文数据集中的意图种类数目相差较小，所以航空领域信息查询数据集能够利用较多的样本学习文本的语义信息，而SMP数据集不仅训练集的语句条数较少，而且每条语句也较短，模型通过少量样本数据捕获短文本的深层次语义信息的难度较大。

（2）样本分布的平衡程度。航空领域信息查询数据集中意图种类和语义槽种类在训练样本中的分布较为平衡，而SMP数据集中，不同的意图标签对应的样本语句条数差距比较大，数据分布不均衡，而且训练集规模较小，语义槽标签种类多，训练集中语义槽标签的分布严重不平衡，进而影响模型的性能。对于这种数据不均衡的现象侯伟光提出基于混合采样的Simple-Mix-Sampling算法用于解决SMP数据集中存在的数据不均衡问题。

（3）语义槽标签的区分度。通过对本研究模型识别错误的语句同标准答案对比发现，航空领域信息查询数据集中语义槽标签的设置规范合理，几乎不存在相似度较高的语义槽标签，而SMP数据集中部分语义槽标签相似度高，语义槽标签存在类似于"B-ingredient"和"B-dishName""B-startLoc_area"和"B-startLoc_city"差异较小的语义槽标签，示例如表6-11所示。此

外，还有部分语义槽标签在事先标注好的标注答案中被标注到错误的类别中，而模型识别的标注结果是正确的，这也影响了模型的性能。

表6-11　相似度高的语义槽标签示例

| 输入 | 标准答案 | 模型识别出的结果 | 相似度较高的语义槽标签 |
|---|---|---|---|
| 黑芝麻怎么炒 | ['B-ingredient', 'I-ingredient', 'I-ingredient', 'O', 'O', 'O'] | ['B-dishName', 'I-dishName', 'I-dishName', 'O', 'O', 'O'] | ingredient / dishName |
| 随便来首刘德华的歌 | ['O', 'O', 'O', 'O', 'B-artist', 'I-artist', 'I-artist', 'O', 'O', 'O'] | ['O', 'O', 'O', 'O', 'B-name', 'I-name', 'I-name', 'O', 'O', 'O'] | artist / name |
| 温州到瑞昌的火车 | ['B-startLoc_city', 'I-startLoc_city', 'O', 'B-endLoc_area', 'I-endLoc_area', 'O', 'O', 'O'] | ['B-startLoc_city', 'I-startLoc_city', 'O', 'B-endLoc_city', 'I-endLoc_city', 'O', 'O', 'O'] | endLoc_area / endLoc_city |

（4）数据集中存在噪声数据。由于用户话语的自由度高，可能存在表达不明确、歧义等问题，这种噪声数据也会影响模型的性能。在航空领域信息查询数据集中语句表达规范，噪声较小，而在SMP数据集中，存在部分如"啥婆豆腐的制作方法""哦来一首传奇"等不规范表达的语句，这样的句子影响模型的训练效果，也影响测试性能。此外，SMP数据集中还存在部分标注标签全为"O"的语句。例如，对于输入语句"我要看新闻玩不"，其对应的语义槽标签为"ＯＯＯＯＯＯＯＯ"的无意义标注，这些噪声数据都有可能影响模型的性能。

（5）文本的长度。当前词的语义是由其所处的上下文决定的，但当文本较短时，无法提供足够的上下文信息帮助理解语句，可能会影响模型性能。例如在SMP数据集中，对于用户输入"老故事"这样的短文本，可以利用的上下文信息较少，仅根据已有的文本信息准确识别用户的具体意图有一定的难度。

（6）部分语句存在多意图的问题，但是模型只能识别出一种意图，这也是影响模型性能的原因之一。虽然对句子进行多意图的设定能够更好地接近真实的生活场景，但是在本实验数据集中，只设定了单意图，所以当输入文本存在多意图歧义时，会影响意图识别的准确率。

# 第四节　基于BERT+CRF的联合建模

## 一、基本思想

在语义槽填充任务中，Softmax函数直接简单选取最大概率值对应的语义槽标签作为当前时刻的输出，相互独立的输出没有充分考虑语义槽标签之间的依赖关系，这样就可能出现类似于"B-airline_code"下一个字的标签为"I-toloc.city_name"的不合理语义槽标签搭配组合，或直接以"I-fromloc.city_name"开头的不合理语义槽标签结构。对于语义槽标签之间的偏置问题，条件随机场模型具有表达长距离依赖性和交叠性特征的能力，能够较好地解决此类问题。CRF模型将转移矩阵作为模型训练的特征，考虑标签前后的依赖关系、标签之间的顺序性，以及标签之间的合理性，通过将所有特征进行全局归一化来得到全局最优解，使得标注结果更为准确。因此，本研究将CRF模型用作语义槽填充任务的解码器，并将本研究的实验模型与其他主流的实验模型进行对比，验证本研究的实验模型的有效性。

## 二、基于BERT+CRF的意图识别和语义槽填充联合建模实验模型

对于输入"北京飞往上海"这一短文本，由BERT模型得到的各个字的

标签得分向量如图6-16所示。在该图中，此时在"京"的字标签得分向量中"B-fromloc.city_name"的得分最大，因此BERT模型将该得分向量输入到Softmax层时，Softmax会直接选取概率最大的值所对应的标签作为最终标签，即将会对该字的标签预测为"B-fromloc.city_name"，而该字的正确标签应为"I-fromloc.city_name"，此时模型错误预测了语义槽标签。出现错误的主要原因是BERT模型仅在字向量的层面进行计算，忽略了字标签之间相互约束的关系，导致其所输出每个字的标签得分向量是相互独立的，结果也不够精确，从而出现了类似于上述的错误预测结果。但实际上，相邻的语义槽标签之间是存在约束关系的。针对上述不足，本研究在语义槽填充任务中进一步将其输出的字标签得分向量输入CRF模型以对语义槽标签进行全局优化，如图6-16所示：

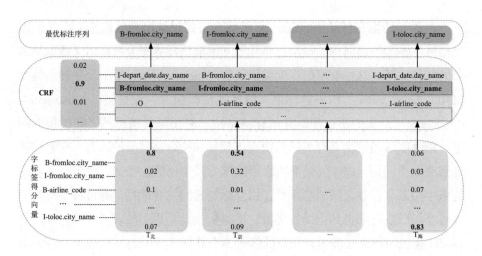

**图6-16　CRF模型**

CRF模型不仅考虑每一个位置的语义槽标签的概率分布，而且还考虑各个相邻位置的字标签之间的约束关系，并利用每个字标签的得分与字标签之间的转移得分计算不同标签序列的出现概率，从中选取概率最大的序列作为输入文本最终的标签序列。

从图6-16可以看出，在CRF模型中不同标签序列中的最大概率为0.9，在该序列中，"京"对应的语义槽标签被预测为"I-fromloc.city_name"，此时模型预测正确，纠正了BERT模型的错误判断。因此，本研究提出基于BERT+CRF的意图识别和语义槽填充联合建模。

CRF模型可以为最终预测的语义槽标签添约束规则以确保标注结果的有效性，在训练过程中，CRF模型可以自动从训练数据集中学习这些约束规则。在被预测的序列中，符合约束规则的情况有以下两种：

（1）由单个字构成的实体所对应的语义槽标签只能标注为"B-label"的形式，其他无意义的字标注为"O"。

（2）在由多个字构成的实体中，其所对应的语义槽标签只能标注为"B-label1 I-label2 I-label3……"这种形式，且"label1""label2""label3"……属于相同的实体标签。例如，"B-fromloc.city_name I-fromloc.city_name"这样的组合标签搭配，而不应该是"B-toloc.city_name I-fromloc.city_name"。此外，以"I-label"开头或"O I-label""B-label O I-label"这样的标签搭配组合都是不合规则的。

在训练数据足够大的时候，CRF模型可以充分学习这些约束规则，并利用这些约束规则在一定程度上减少无效、不合理的语义槽标签预测序列。

在BERT+CRF的意图识别和语义槽填充联合建模模型中，利用BERT的多头注意机制充分学习上下文特征，捕捉长距离依赖关系，将第一个特殊标签[CLS]的最后一层输出再经过一层Softmax线性变换输出意图标签。对于语义槽填充任务，用CRF模型代替Softmax作为解码层，CRF可以考虑到语义槽标签之间的合理性以及语义槽标签前后的依赖关系，因此对于语义槽填充任务使用CRF模型做解码器，使得标注结果更为准确。图6-17为对于输入"北京飞往上海"这一语句基于BERT的意图识别和语义槽填充的联合建模模型图。

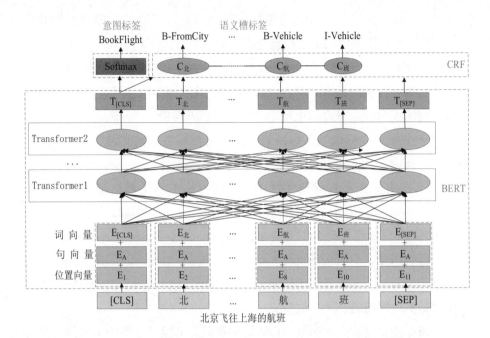

图6-17    基于BERT+CRF的意图识别和语义槽填充联合建模模型图

根据上述CRF的计算公式，可以将语义槽标签预测序列最终的标注得分表示为公式（6-26）：

$$score(X, y) = \sum_{i=0}^{n} T_{y_i, y_{i+1}} + \sum_{i=1}^{n} S_{i, y_i} \qquad （6-26）$$

其中，X是经过BERT训练后的词向量文本序列，y是对应的标签序列，T表示特征转移矩阵，$T_{y_i, y_{i+1}}$表示从标签$y_i$转移到标签$y_{i+1}$的概率；$S_{i, y_i}$是状态特征矩阵，表示第i个单词的标签是$y_i$的概率。

由于语义槽标签的预测序列有多种可能性，但其中只有一种正确，因此应该对所有可能的序列得分通过指数函数和归一化转换为（0-1）之间的概率值，这样会使得最优解的寻优过程会明显变得平缓，更容易快速地收敛到最优解。具体表示为公式（6-27）：

$$P(y \mid X) = \frac{\exp[score(X \mid y)]}{\sum_{\tilde{y} \in Y_X} \exp[score(X \mid y)]} \tag{6-27}$$

其中，$Y_X$ 属于所有可能的语义槽标注序列集合，公式（6-27）中的分母为该句所有标注序列之和，分子为正确标注的分值。计算出每个标注序列L的概率 $P(y \mid X)$，概率值最大的状态序列 $Y^*$ 就是最终的标注序列。

CRF模型的训练过程中，可以利用最大化状态序列的对数概率来估计，即损失函数定义为公式（6-28）：

$$Loss_{crf} = -\log p(y \mid X) \tag{6-28}$$

不断更新网络参数，直到迭代结束，对最终得分最高的最佳标注序列 $Y^*$ 解码，表示为公式（6-29）：

$$Y^* = \underset{y \in Y_X}{\arg\max} S(X, y) \tag{6-29}$$

## 三、联合建模对比实验介绍

本研究中意图识别和语义槽填充的联合建模的对比实验主要有五个，分别如下所示：

（1）对比实验1是基于LSTM的意图识别和语义槽填充联合建模模型，是本研究的基线模型。

（2）对比实验2是在对比实验1 的基础上加入注意力机制，即LSTM+Attention模型，验证注意力机制对于捕获长距离依赖关系的性能，及对意图识别和语义槽填充联合建模的实验结果影响。

（3）对比实验3是将双向LSTM模型用于意图识别和语义槽填充联合建模，与实验1做对比，验证双向捕获语义信息对于模型性能的影响。

（4）对比实验4是在对比实验3的基础上加入注意力机制，即BiLSTM+Attention模型，与实验2对比验证双向语义信息的重要性，与实验3对比验证注意力机制对于模型性能的影响。

（5）对比实验5是在双向LSTM的基础上加入slot-gated机制验证意图识别和语义槽填充任务的相关性，并将注意力机制作用于意图识别和语义槽填充两项任务。此外，在语义槽填充任务中也使用CRF模型作为解码器，模型为BiLSTM+attention+slot-gated+CRF。

## 四、实验结果及分析

与本研究提出的基于BERT+CRF的意图识别和语义槽填充联合建模模型做对比的模型分别是LSTM、LSTM+attention、BiLSTM、BiLSTM+attention、BiLSTM+attention+slot-gated+CRF模型五个模型，在两个中文数据集上分别进行实验，表6-12为不同模型在航空领域信息查询数据集下的意图识别和语义槽填充的性能对比。

表6-12　不同联合建模模型的性能对比（航空领域信息查询数据集）

| 序号 | 模型 | 意图识别准确率（%） | 语义槽填充F1值（%） |
|---|---|---|---|
| 1 | LSTM | 84.12 | 92.94 |
| 2 | LSTM+attention | 90.75 | 93.64 |
| 3 | BiLSTM | 90.98 | 94.31 |
| 4 | BiLSTM+attention | 91.41 | 95.27 |
| 5 | BiLSTM+attention+slot-gated+CRF | 93.52 | 95.49 |
| 6 | BERT | 96.71 | 95.78 |
| 7 | BERT+CRF | 96.85 | 96.39 |

从表6-12中可以看出，本研究的基线模型1的意图识别准确率为84.12%，语义槽填充F1值为92.94%。本研究的模型7相较于基线模型的意图识别准确率提升了12.73%，语义槽填充的F1值提升了3.45%。

模型1和模型3对比以及模型2和模型4对比可以看出，BiLSTM模型在意图识别和语义槽填充任务中性能均优于单向的LSTM模型，证明了BiLSTM通过两个不同方向的LSTM拼接可以捕获序列长距离依赖关系以及上下文信息，也进一步证明了捕获双向上下文的全局语义信息有助于提升意图识别和语义槽填充的性能。

模型1和模型2对比以及模型3和模型4对比可以看出，加入注意力机制的模型性能优于不加注意力机制的模型，因为注意力机制在LSTM/BiLSTM模型均匀捕获语义信息的基础上可以为对当前任务更重要的信息赋予更高的注意力权重，聚焦式的关注到不同时刻所有信息对任务的影响，在一定程度上解决了LSTM存在的梯度爆炸或梯度消失的问题。

模型5在模型4的基础上加入slot-gated和CRF模型，利用slot-gated机制充分考虑意图识别和语义槽填充两任务之间的相关联性，并使用CRF模型对语义槽标签之间的依赖关系进行全局归一化，因此模型5的性能相较于模型4得到了提升。

本研究的模型6和模型7较其他意图识别和语义槽填充的联合建模模型对比，意图识别和语义槽填充结果的性能都得到显著提升，是目前性能最好的模型。但BERT模型会依据预先确定好的max_seq_length参数对未达到此长度的数据将做填充处理，而超过此长度的数据将被截断，所以需要在数据预处理阶段先确定好输入文本的最大长度，否则会造成信息丢失的问题，不如LSTM、BiLSTM灵活。

表6-13为不同模型在SMP数据集上的意图识别和语义槽填充的性能对比。

表6-13　不同联合建模模型的性能对比（SMP）

| 序号 | 模型 | 意图识别准确率/% | 语义槽填充F1值/% |
|---|---|---|---|
| 1 | LSTM | 88.27 | 62.03 |

续表

| 序号 | 模型 | 意图识别准确率/% | 语义槽填充F1值/% |
|------|------|------------------|-------------------|
| 2 | LSTM+attention | 91.12 | 73.21 |
| 3 | BiLSTM | 90.22 | 75.63 |
| 4 | BiLSTM+attention | 90.41 | 75.81 |
| 5 | BiLSTM+attention+slot-gated+CRF | 90.96 | 77.75 |
| 6 | BERT | 91.34 | 85.72 |
| 7 | BERT+CRF | 91.81 | 90.36 |

从表6-13实验结果可以看出，不同模型在SMP数据集上进行意图识别和语义槽填充的联合建模时，这里提出的模型达到了最好的性能，意图识别准确率为91.81%，语义槽F1值为90.36%，相对于基线模型1分别提升了3.54%、28.33%。

综上可以看出，基于BERT模型的意图识别和语义槽填充联合建模的优越性，其原因如下：首先，BERT模型相对于BiLSTM模型而言，真正意义上实现了双向捕获上下文信息，而不是两个相反方向、不交互信息的LSTM的简单拼接；然后基于12层Transformer建模的BERT模型更深层，比只有两层的BiLSTM浅层神经网络更能挖掘出深层次语法语义信息；其次，基于多头注意力机制建模的BERT模型同只有一个注意力机制的模型2和模型4相比，多头注意力机制能够捕获不同维度的信息，使得语义信息更加全面完整；最后，BERT模型不同于Word2Vec等静态的词向量模型，而是会通过预训练加精调的方式根据不同上下文去调整每个词的词向量，解决了一词多义的问题。此外，BERT这种预训练语言模型可以在一定程度上规避大模型、小样本造成的过拟合问题，缓解小样本问题。

模型6和模型7对比证明了考虑标签序列前后相互依赖关系的CRF对于模型的性能有所提升。CRF将所有特征进行全局归一化、共同对整个句子的输出建模，使局部特征转化为全局特征可以得到全局最优解，而不是独立解码每个语义槽标签，而且条件随机场模型可以容纳任意长度的上下文信息，进而文本中的长距离依赖关系和交叠性特征进行表征，进一步提升语义槽标注的结果。

BERT这种预训练加精调的架构也是提升性能的原因之一，因为其他意图识别和语义填充的联合建模模型一般需要在开始训练模型时随机初始化参数，但是这样会产生两个问题：一是模型随机初始化参数会使训练速度、收敛速度变慢；二是为了防止过拟合，深层模型的训练通常需要大量的标注数据，如果训练的数据集不够大，则有可能不足以训练复杂的网络，而且高质量的标注数据往往很难获得，对于中文语料来说更是一种昂贵资源。而BERT模型这种预训练加精调的架构可以先从大量无标注数据中进行预训练获取更通用的语言表示，然后使用预训练时学到的参数作为下游任务模型的初始化参数，从而使得模型在训练时可以找到较好的初始化起点，进而比其他从头开始学习的模型效果更好，在目标任务上具备更好的泛化性，避免在小数据集上出现过拟合问题，还可以加速优化过程、加快收敛速度。而且利用迁移学习的思想对下游任务修改预训练网络模型结构，选择性地载入预训练网络模型权重，再利用训练集重新训练下游任务模型能快速训练好模型，以使用相对较小的数据量达到较好的结果，有效降低了数据量、计算量和计算时间。

## 【小结】

第一节主要从基于三角链条件随机场联合识别、基于CNN+TriCRF联合识别、基于递归神经网络和维特比算法联合识别、基于门控循环单元联合识别、基于注意力的BiLSTM联合识别等五部分阐述联合建模研究。

第二节主要介绍本研究的实验模型，并将本研究的实验模型与其他模型做对比，证明本研究的模型优于其他模型，并将实验结果进行分析。本研究的实验模型首先是对意图和语义槽填充都进行联合识别，先将文本进行预处理后分词、去停用词、词向量化、并将词向量输入到BiLSTM模型。为了弥补BiLSTM对输入均匀累加的不足，对意图和语义槽填充任务都使用注意力机制，实现对输入的关键部分进行记忆并作用于输出。其次，考虑到意图对语义槽填充任务的影响，使用Goo的slot-gated门控机制，将意图识别的结果作用于语义槽填充任务。最后，对于语义槽填充任务，考虑到标签前后的依赖关系，在门控机制后加入CRF模型作为解码模型，使得语义槽填充的序列标注任务更为准确。

第三节提出了一种基于BERT的意图识别和语义槽填充联合建模及学习研究的方法，并使用BERT预训练语言模型作为模型输入的起点，为模型提供丰富的语言知识并解决语义歧义问题；而且为意图识别和语义槽填充的联合建模为两个任务建立了依赖关系，两任务之间相互促进、相互影响，进而提高性能模型性能。此外，BERT模型在一定程度上解决了传统循环神经网络中产生的梯度消失或梯度爆炸问题；BERT模型还可以直接获得整个句子的向量表示。

在第三节的实验部分，首先，对模型的超参数进行调整，选取效果最优时的超参数值作为模型的最终超参数。其次，将本章的实验模型与其他意图和语义槽联合建模模型进行对比，在英文数据集上取得了最好的性能，证明了本研究模型的有效性，并对实验结果深度剖析。此外，在两个中文数据集上进行了实验，均取得了较好的效果。最后，将本研究的模型在航空领域信息查询数据集和SMP数据集上对比，并对模型识别错误的语句进行分析，对可能影响模型性能的原因进行总结。

第四节提出了一种基于BERT+CRF的意图识别和语义槽填充联合建模的方法。针对Softmax不能利用语义槽标签之间的依赖关系的问题，本研究使用CRF模型代替Softmax函数，并将本研究的实验在中文数据集上同其他研究方法相对比，本章方法取得了更好的性能。同时，对本研究的实验模型和对比实验模型依次进行分析，探讨双向语义信息、注意力机制等因素对意图识别和语义槽填充性能的影响，最后对基于的BERT+CRF模型在意图识别和语义槽填充任务中取得较好性能的原因进行总结归纳。

# 第一节　总结

本书主要针对口语理解的两个任务——意图识别和语义槽填充展开研究，具体研究内容包括以下四方面。

## 一、意图识别

（1）针对卷积神经网络中的池化操作会丢失句子中的小概率特征信息问题，采用胶囊网络进行单意图识别，与其他传统的机器学习方法和深度学习方法进行实验性能结果对比，突出胶囊网络在意图识别任务上的优势。实验结果表明胶囊网络在单意图识别任务上的效果优于CNN、LSTM以及深度组合模型。初级胶囊层与意图胶囊之间的路由迭代次数会影响识别性能结果，迭代3次得到的单意图识别性能更好。

（2）针对现有的多意图语料数据较少的问题，利用现有的仅包含一种意图的人机对话技术评测的中文数据集和SNIP-NLU的英文数据集构造基于单意图标记的多意图测试集，并且采用胶囊网络构造基于单意图标记的多意图分类器实现多意图识别。由于胶囊网络中的动态路由算法可以动态为意图胶囊类别分配不同的概率，而且得到的意图概率值的和不为1，所以适用于多意图分类。一方面，为了保证特征质量，通过增加卷积胶囊层提取意图文本的深层次语义信息；另一方面，在增加卷积胶囊层的胶囊网络上探究采用不同卷积核提取句子中不同词组搭配的特征信息对多意图识别性能的影响。实验表明增加卷积胶囊层的胶囊网络可以更优化地利用语义特征进而提升多意图识别性能。而第一次和第二次的不同路由迭代次数都会影响多意图识别的性能效果。实验表明，第一次和第二次都迭代3次可以得到最佳路由关系，得到的多意图识别性能更好。而不同的卷积核对多意图识别的性能结果也具有不同的影响，n-gram值取3时的效果最好。

## 二、迁移学习在意图识别中的应用

针对新领域对话系统中训练语料相对较少的情况，本书使用迁移学习中的领域适应方法解决新领域对话系统训练语料较少的问题，领域适应方法通常包含基于对抗的领域适应以及基于分布的领域适应，具体研究内容如下：

（1）提出了结合胶囊网络的对抗域适应意图识别方法。通过梯度反转层实现特征提取器和领域判别器之间的对抗训练完成领域适应，从而达到迁移效果。胶囊网络独有的胶囊单元可以很好地获取意图文本特征，因此利用胶囊网络改进领域对抗神经网络中的领域判别器。实验结果表明，结合胶囊网络的领域对抗神经网络可以很好地学习源域和目标域的域不变特征，目标域数据可以利用源域所训练的分类器获得不错的效果，验证了迁移学习在意图识别的可应用性。同时，使用胶囊网络改进领域判别器的对抗网络较通用对抗网络有了一定的提升，验证了迁移学习结合深度学习的有效性。

（2）提出了结合胶囊网络的分布域适应意图识别方法。利用最大平均差异度量源域和目标域之间的领域距离，通过最小化领域距离，进而减小数据分布之间的差异性，完成域不变特征的学习，从而完成迁移任务。实验结果表明利用最大平均差异度量领域距离的方法可以很好地利用源域意图识别器完成对目标域的识别。同时，利用胶囊网络改进意图识别器的强分类模型，并将目标域中部分已标注数据加入源域共同训练意图识别器，可以有效地提升模型的性能，较传统的度量方法有了一定的提升。

## 三、迁移学习在命名实体识别中的应用

本部分在前人研究方法和思路的基础上，进行了一定的改进，完成了一种基线模型和两种命名实体识别的迁移学习模型，并进行了对比实验。使用的源域数据集有CLUENER中文细粒度命名实体识别数据集和航空信息领域数据集；目标域数据集使用SMP2020-ECDT中文人机对话技术评测数据集以及从中切分出来的4个领域数据集。主要研究内容如下：

（1）实现了基于模型迁移的命名实体识别方法。在基线模型融合字和词级别信息的BiLSTM-Attention-CRF上，利用共享特征提取器抽取源域和目标域的共享特征，然后为每个领域使用一个标签解码器，最终实现了模型特征表示的迁移。同时，使用了两种不同的共享模式：完全共享模式和共享—私有模式。实验结果表明，基于模型迁移的命名实体识别模型总体有效，但是同时会产生负迁移问题，共享特征中包含源域所独有的特征表示，严重影响模型的迁移效果，导致迁移结果有时甚至不如基线模型。

（2）提出了对抗迁移学习的命名实体识别方法，解决了基于模型迁移的命名实体识别方法的负迁移问题。通过添加由生成对抗网络启发的对抗鉴别器，去除共享特征中的杂质，生成"域无关特征"，实现源域知识到目标域的迁移，帮助目标任务提高学习性能。本研究使用了两种对抗鉴别器：普通对抗鉴别器和广义资源对抗鉴别器，并且详细地说明了对抗鉴别器的训练过程和损失函数。实验结果表明对抗鉴别器有效剔除了共享特征中源域独有特征，迁移效果提升显著，有效缓解了负迁移问题。而两种对抗鉴别器中，广义资源对抗鉴别器考虑了源域和目标域之间数据集规模差异，所以迁移效果更好。

## 四、意图识别和语义槽填充联合建模研究

意图识别和语义槽填充两个任务具有很强的关联性，通过联合建模可以同时提升两个任务的性能。具体内容为：

（1）在BiLSTM神经网络得到隐藏层状态后对意图识别和语义槽填充任务分别加入注意力机制，它是对BiLSTM均匀记忆的补充，可以在不同时刻聚焦在关键的输入序列，从而更好地理解当前词的语义信息。由于不同意图会得到不同类型的语义槽标注，即意图识别的结果影响语义槽填充任务，因此将意图识别的结果通过slot-gated门控机制作用于语义槽填充结果，使得意图识别的结果可以帮助预测语义槽填充的结果。

（2）考虑到标签序列前后的依赖关系，在语义槽填充任务中加入统计模型CRF，使深度学习模型BiLSTM和注意力机制学习到序列特征以及语义信息后，将其结果与统计模型的转移概率共同预测序列标注结果，损失函数值由Softmax与统计模型的转移概率值共同决定，然后通过损失函数的值调整模型的参数，既将深度学习作用于语义槽填充任务，又把统计模型加入语义槽填充任务当中，弥补神经网络没有考虑标签前后依赖关系的不足。

（3）目前在自然语言理解中意图识别和语义槽填充联合建模的主流方法中，基于循环神经网络、长短时记忆网络的方法存在只能捕获单向信息、不能并行计算、可能出现梯度消失或梯度爆炸的缺点；基于双向循环神经网络和注意力机制的联合建模模型虽然在理论上可捕获双向上下文信息，但两个方向的RNN独立运行，不交互信息，没有实现真正意义上的双向捕获上下文信息，也不能并行处理。基于卷积神经网络的联合建模模型虽然可以并行计算，但是无法一次性捕获全局信息，而且最大池化或平均池化会忽略大量小概率的语义信息。基于胶囊网络的联合建模模型虽然使用动态路由机制改进了CNN模型，但受到胶囊间动态路由算法复杂的原因导致模型复杂度高、运算速度较慢。本研究针对以上联合建模模型存在的问题，采用BERT模型对意图识别和语义槽填充联合建模，不仅能够并行处理，而且可以忽略距离信息双向捕获长距离的依赖关系，并从多维度得到特征表达能力更加强大的特征信息，提升意图识别和语义槽填充的性能。

# 第二节 展望

人机对话系统中，口语理解一直是重要的研究热点之一。随着人们对人机对话系统的需求不断增加，我们需要进一步提升对话系统的鲁棒性、容错性和智能性。因此，人机对话系统还有很大的提升空间。针对本团队已有的研究工作和未解决的问题，对后续工作提出几点期望。

## 一、针对用户意图文本中存在的隐含意图进行研究

随着人机对话系统应用范围的不断扩大，意图的表达方式也呈多样式发展。有些意图表达很明确，而有些意图表达却蕴含有更深层的含义。因此意图按照表达种类可以分为显式意图和隐式意图，显式意图指用户通过文本形式，明确指出自己的意图需求，包含话题领域、意图类别等内容。隐式意图指用户没有明确的意图需求，需要通过分析用户的潜在意图，来推理用户的真实意图。所以，隐含意图的识别是一个新的难点。

## 二、迁移学习存在的问题

（1）负迁移是迁移学习道路上最大的阻碍，虽然寻找源域和目标域之间相关性衡量标准以及对抗迁移学习可以缓解该问题，但是这些方法都有其自身的局限性。如何更好地解决负迁移问题，有待进一步深入研究。

（2）对于多步传导式迁移学习，如何寻找一个或几个既能考虑到目标域也能照顾到源域的中间领域，帮助相关性不大的两个领域之间实现迁移学习，以充分利用已有的大量数据。

## 三、用户表达的多样性问题

在人机对话系统中，用户话语往往存在一些口语化的表达，这些不规范的文本可能会产生语义歧义、指代歧义、实体歧义（关键实体存在实体缩写）以及多意图歧义（意图的强度、时效性）四种歧义现象。这些歧义现象会在一定程度上影响模型的泛化能力，因此如何针对口语的不确定性产生的歧义现象进行有效消歧以提升人机对话系统的鲁棒性是自然语言理解模块中的重要问题之一。

## 四、融合大模型的人机对话系统

ChatGPT强大的功能以及良好的用户体验使研究人员开始借助这样的大模型解决各自领域的研究问题。ChatGPT对某些领域的问答能力可以以假乱真，但是对于比如法律领域这种非常严谨的领域，它的回答仍旧存在一些错误，因此如何将大模型的强大优势与面向具体领域的专业对话内容结合起来，是未来需要重点研究的问题。

# 后　记

　　本书的整理终于接近尾声，也算是对前期研究工作的梳理和总结。人机对话是一个热门话题，对话过程中通过理解用户的语义反馈给用户想要的答案，这是核心内容。而随着人工智能的发展，人们对人机对话也提出了更高的要求。比如，期望机器可以进行多模态的对话，或者对各类领域能够进行专业对话等，可能未来的对话系统将是一个具备多学科专业背景的高级秘书，没有任何难题能难倒它。

　　本书的出版得到了国家自然科学基金（12204062，61806103）、无穷维哈密顿系统及其算法应用教育部重点实验室开放课题（2023KFZD03）、内蒙古自然科学基金（2022LHMS06001）、内蒙古自治区高等学校创新团队发展计划支持（NMGIRT2407）和内蒙古自治区直属高校基础科研业务费（2022JBQN106，2022JBTD016）的资助。

# 参考文献

[1] Guo D, Tur G, Yih W, et al. Joint semantic utterance classification and slot filling with recursive neural networks[C]//Spoken Language Technology Workshop(SLT), 2014: 554–559.

[2] Hakkani-TürD, TürG, Celikyilmaz A, et al. Multi-Domain Joint Semantic Frame Parsing Using Bi-Directional RNN-LSTM[C]. Interspeech, 2016: 715–719.

[3] Jeong M, Lee G G. Jointly predicting dialog act and named entity for spoken language understanding[C]. Spoken Language Technology Workshop, 2006: 66–69.

[4] Liu B, Lane I. Attention-Based Recurrent Neural Network Models for Joint Intent Detection and Slot Filling [C]. 17th Annual Conference of the International Speech Communication Association, 2016: 685–689.

[5] Sennrich R, Haddow B, Birch A.Neural machine translation of rare words with subword units[C]. Proc of the 54th ACL. Stroudsburg, PA: ACL, 2016: 1715–1725.

[6] Tur G, Hakkani-TürD, Heck L. What is left to be understood in ATIS?[C]//Spoken Language Technology Workshop(SLT), 2010: 19–24.

[7] Weigelt S, Hey T, Landhäußer M. Integrating a dialog component into a framework for spoken language understanding[C]. Proceedings of the 6th International Workshop on Realizing Artificial Intelligence Synergies in Software Engineering, ACM, 2018: 1–7.

[8] Xu P, Sarikaya R. Convolutional neural network based triangular crf for joint intent detection and slot filling[C]. Automatic Speech Recognition and Understanding(ASRU), 2013: 78–83.

[9] Zhang X, Wang H. A Joint Model of Intent Determination and Slot Filling for Spoken Language Understanding[C]. IJCAI, 2016: 2993–2999.

[10]Ahmad A S, Hassan M Y, Abdullah M P, et al. A review on applications of ANN and SVM for building electrical energy consumption forecasting[J]. Renewable & Sustainable Energy Reviews, 2014, 33 (2): 102–109.

[11]Ajakan H, Germain P, Larochelle H, et al. Domain–adversarial neural networks[J]. arXiv: 1412.4446, 2014.

[12]Ando R K, Zhang T. A framework for learning predictive structures from multiple tasks and unlabeled data[J]. Journal of Machine Learning Research, 2005, 6: 1817–1853.

[13]André C. P. L. F. de Carvalho, Freitas A A. A tutorial on multi–label classification techniques[M]. Abraham A, Hassanien A–E, Snášel V (eds) Foundations of Computational Intelligence Volume 5: Function Approximation and Classification. Springer, Berlin Heidelberg, 2009: 177 – 195.

[14]Appelt D, Bear J, Cherny L, et al. GEMINI: a natural language system for spoken language understanding[C]//In: Processing of 31st Annual Meeting of the Association for Computational Linguistics, Ohio State University, Columbus, Ohio, USA, 22–26 June 1993.1993: 54–61.

[15]Bahdanau D, Cho K, Bengio Y. Neural Machine Translation by Jointly Learning to Align and Translate[J]. Computer Science, 2014.

[16]Basura Fernando, Amaury Harbrard, Marc Sebban, et al. Unsupervised visual domain adaptation using subspace alignment[C]//Proceedings of the IEEE international conference on the computer vision, 2013: 2960–2967.

[17]Bengio Y, Ducharme R, Vincent P, et al. A neural probabilistic language model[J]. Journal of Machine Learning Research, 2003, 3: 1137 – 1155.

[18]Borgwardt K M, Gretton A, Rasch M J, et al. Integrating structured biological data by kernel maximum mean discrepancy[J]. Bioinformatics, 2006, 22

（14）：e49-e57.

[19]Cao P F, Chen Y B, Liu K, et al. Adversarial transfer learning for Chinese named entity recognition with self-attention mechanism[C]//Proceedings of the 2018 Conference on Empirical Methods in Natural Language Processing, Brussels, Oct 31 – Nov 4, 2018.Stroudsburg：ACL, 2018：182-192.

[20]Celikyilmaz A, Hakkani-Tur D, Tur G, et al. Exploiting distance based similarity in topic models for user intent detection[C]// In：2011 {IEEE} Workshop on Automatic Speech Recognition Understanding, Waikoloa, HI, USA, December 11-15, 2011：425-430.

[21]Chen L, Moschitti A. Transfer learning for sequence labeling using source model and target data[J]. arXiv：1902.05309, 2019.

[22]Chen Q, Zhuo Z, Wang W. Bert for joint intent classification and slot filling[J]. arXiv preprint arXiv：1902.10909, 2019.

[23]Chen Z, Qian T Y. Transfer capsule network for aspect level sentiment classification[C]//Proceedings of the 57th Annual Meeting of the ACL, Florence, Jul 28-Aug 2, 2019. Stroudsburg：ACL, 2019：547-556.

[24]Chowdhury S, Annervaz K M, Dukkipati A. Instance-based inductive deep transfer learning by cross- dataset querying with locality sensitive hashing[J]. arXiv：1802.05934, 2018.

[25]Chung J, Gulcehre C, Cho K H, et al. Empirical evaluation of gated recurrent neural networks on sequence modeling[EB/OL], 2014. [20-3-21]. https：//arxiv.org/abs/1412.3555.

[26]Collobert R, Weston J, Bottou L, et al. Natural language processing（almost）from scratch[J]. Journal of Machine Learning Research, 2011, 12：2493-2537.

[27]Coucke A, Saade A, Ball A, et al. Snips voice platform：an embedded spoken language understanding system for private-by-design voice interfaces[J]. arXiv preprint arXiv：1805.10190, 2018.

[28]Daniel G, Ngoc Thang Vu, Johannes Maucher, Low-Resource Text Classification using Domain-Adversarial Learning[J]. arXiv：1807.05195v2,

2020.

[29]Dauphin Y N，Tur G，Hakkani-Tur D，et al. Zero-shot learning for semantic utterance classification[EB/OL].In：Processing of the 2nd International Conference on Learning Representations，Banff，AB，Canada，April 14-16，2014. Conference Track Proceedings，2014. https：//arxiv.org/abs/1401.0509v3.

[30]Devlin J，Chang M，Lee K，et al. BERT：pre- training of deep bidirectional transformers for language understanding [J]. arXiv：1810.04805，2018.

[31]Dey R，Salemt F M. Gate-variants of gated recurrent unit（GRU）neural networks[C]// In：Processing of the 60th International Midwest Symposium on Circuits and Systems. IEEE，2017：1597-1600.

[32]Fellbaum C，Miller G. Word Net：an electronic lexical database[J]. Library Quarterly Information Community Policy，1998，25（2）：292-296.

[33]Feng X C，Feng X C，Qin B，et al. Improving low resource named entity recognition using cross-lingual knowledge transfer[C]//Proceedings of the 27th International Joint Conference on Artificial Intelligence，Stockholm，Jul 13-19，2018：4071-4077.

[34]Ganin Y，Ustinova E，Ajakan H，et al. Domain- adversarial training of neural network[J]. arXiv：1505.07818，2015.

[35]Ganin Y，Victor L. Unsupervised domain adaptation by back propagation[J]. arXiv：1409.7495v2，2014.

[36]Genkin A，Lewis D D，Madigan D. Large-scale Bayesian logistic regression for text categorization[J]. Technometrics，2007，49（3）：291-304.

[37]Geoffrey E. Hinton，Alex Krizhevsky，Sida D. Wang. Transforming Auto-Encoders[C]// In Artificial Neural Networks and Machine Learning-ICANN 2011 - 21st International Conference on Artificial Neural Networks，Espoo，Finland，June 14-17，2011，Proceedings，Part I. Springer，Berlin，Heidelberg，2011：44-51.

[38]Gibaja E，Ventura S. A tutorial on multilabel learning[J]. ACM Comput. Surv. 2015，47（3）：52.

[39]Goodfellow I J，Jean P，Mirza M，et al. Generative adversarial

networks[J]. arXiv: 1406.2261, 2014.

[40]Guibin Chen, Deheng Ye, Zhenchang Xing. et al. Ensemble application of convolutional and recurrent neural networks for multi-label text categorization[C]// In: Proceedings of the 2017 International Joint Conference on Neural Networks. Anchorage, AK, USA, May 14-19, 2017. NJ: IEEE, 2017: 2377-2383.

[41]Haffner P, Tur G, Wright J H. Optimizing SVMs for complex call classification[C]//In: Processing of International Conference on Acoustics, Speech, and Signal Processing, Hong Kong, April 6-10, 2003. IEEE, 2003: 632-635.

[42]Harris Z S.Distributional structure[J]. Word, 1954, 10 (2/3): 146-162.

[43]Hashemi H B, Asiaee A, Kraft R. Query intent detection using convolutional neural networks[C]// In: International Conference on Web Search and Data Mining, Workshop on Query Understanding, 2016.

[44]Hemphill C T, Godfrey J J, Doddington G R. The ATIS spoken language systems pilot corpus[C]//Speech and Natural Language: Proceedings of a Workshop Held at Hidden Valley, Pennsylvania, June 24-27, 1990.

[45]Hinton G, Krizhevsky A, Wang S. Transforming autoencoders[C]// Proceedings of the 21st International Conference on Artificial Neural Networks, Espoo, Jun 14-17, 2011. Berlin, Heidelberg: Springer, 2011: 44-51.

[46]J Pennington, R Socher, C Manning. Glove: Global Vectors for Word Representation[C]// In: Proceedings of the 2014 Conference on Empirical Methods in Natural Language Processing, Doha, Qatar, October 25-29, 2014. Association for Computational Linguistics, 2014: 1532-1543.

[47]Jiang S Y, Xu Y H, Wang T Y, et al. Multi- label metric transfer learning jointly considering instance space and label space distribution divergence[J]. IEEE Access, 2019, 7: 10362-10373.

[48]John R Firth. A synopsis of linguistic theory[J]. Studies in Linguistic Analysis, 1957, 1930-1955.

[49]Jônatas Wehrmann, Maur´ıcio A.Lopes, Rodrigo C.Barros. Self-Attention for Synopsis-Based Multi-Label Movie Genre Classification[C]// In: Proceedings of the Thirty-First International Florida Artificial Intelligence Research

Society Conference, Melbourne, Florida, USA, May 21–23 2018.AAAI, 2018: 236–241.

[50]Justin J, Alexandre A, Li F F. Perceptual losses for real–time style transfer and super– resolution[J]. arXiv: 1603.08155, 2016.

[51]Kim B, Ryu S, Gary G L. Two–stage multi–intent detection for spoken language understanding[J]. Multimedia Tools and Applications, 2017, 76 (9): 1137 – 11390.

[52]Kim J K, Tur G, Celikyilmaz A, et al. Intent detection using semantically enriched word embeddings[C]//In: Spoken Language Technology Workshop, San Diego, CA, USA, December 13–16, 2016: 414–419.

[53]Kim, D, Lee, Y, Zhang, J, Rim, H. Lexical feature embedding for classifying dialogue acts on Korean conversations[C]//In: Proceedings of 42th Winter Conference on Korean Institute of Information Scientists and Engineers, 2015: 575–577.

[54]Kim, Yoon. Convolutional Neural Networks for Sentence Classification[C]//In: Proceedings of the 2014 Conference on Empirical Methods in Natural Language Processing, Doha, Qatar, October 25–29, 2014. Association for Computational Linguistics, 2014: 1746–1751.

[55]Lafferty J, McCallum A, Pereira F C N. Conditional random fields: probabilistic models for segmenting and labeling sequence data[C]. Proceedings of the 18th International Conference on Machine Learning, Williamstown, Jun 28–Jul 1, 2001. San Francisco: Morgan Kaufmann Publishers Inc., 2001: 282–289.

[56]Lecun Y L, Bottou L, Bengio Y, et al. Gradient–based learning applied to document recognition[J]. Proceedings of the IEEE, 1998, 86 (11): 2278–2324.

[57]LeCun Y, Boser B E, Denker J S, et al. Handwritten digit recognition with a back–propagation network[C]. Advances in neural information processing systems, 1990: 396–404.

[58]Levow G A. The third international Chinese language processing bakeoff: word segmentation and named entity recognition[C]//Proceedings of the

5th Workshop on Chinese Language Processing，Sydney，Jul 22–23，2006. Stroudsburg：ACL，2006：108–117.

[59]Li X，Roth D. Learning question classifiers：the role of semantic information[J]. Natural Language Engineering，2006，12（3）：229–249.

[60]Lin B Y，Lu W. Neural adaptation layers for cross–domain named entity recognition[C]//Proceedings of the 2018 Conference on Empirical Methods in Natural Language Processing，Brussels，Oct 31 – Nov 4，2018.Stroudsburg：ACL，2018：2012–2022.

[61]Liu B，Lane I. Attention– based recurrent neural network models for joint intent detection and slot filling[J]. arXiv：1609.01454，2016.

[62]Liu B，Lane I. Attention–based recurrent neural network models for joint intent detection and slot filling[C]//In：Processing the 17th Annual Conference of the International Speech Communication Association，San Francisco，CA，USA，September 8–12，2016. ISCA，2016：685–689.

[63]Long M S，Cao Z J，Wang J M，et al. Domain adaptation with randomized multilinear adversarial networks[J]. arXiv：1705.10667，2017.

[64]Long M S，Wang J M，Jordan M，et al. Deep transfer learning with joint adaptation networks[J]. arXiv：1605.06636，2016.

[65]Long M，Wang J，Ding G，et al. Transfer feature learning with joint distribution adaptation[C]//Proceedings of the IEEE international conference on computer vision. 2013：2200–2207.

[66]Luo Z L，Zou Y L，Li F F，et al. Label efficient learning of transferable representations acrosss domains and tasks[C]//Proceedings of the Advances in Neural Information Processing Systems. Red Hook：Curran Associates Inc.，2017：164–176.

[67]Ma X Z，Hovy E. End–to–end sequence labeling via bi–directional LSTM–CNNs–CRF [C]. Proceedings of the 54th Annual Meeting of the Association for Computational Linguistics，Berlin，Aug7–12，2016. Stroudsburg：ACL，2016：1064－1074.

[68]Matthew Peters，Mark Neumann，Mohit Iyyer. Deep Contextualize Word

Representations[C]// Proceedings of the 2018 Conference of the North American Chapter of the Association for Computational Linguistics: Human Language Technologies, Volume 1 ( Long Papers ) . 2018.

[69]McCallum A, Nigam K.A comparison of event models for naive bayes text classification[C]//In: AAAI-98 Work-shop on Learning for Text Categorization, 1998: 41-48.

[70]Mccann B, Bradbury J, Xiong C, et al. Learned in translation: contextualized word vectors[J]. arXiv: 1708.00107, 2017.

[71]Mou L L, Zhao M, Yan R, et al. How transferable are neural networks in NLP appications?[C]//Proceedings of the 2016 Conference on Empirical Methods in Natural Language Processing, Austin, Nov 1-5, 2016: 479-489.

[72]Ni J, Dinu G, Florian R, et al. Weakly supervised cross-lingual named entity recognition via effective annotation and representation projection[C]// Proceedings of the 55th Annual Meeting of the Association for Computational Linguistics, Vancouver, Jul 30 - Aug 4, 2017.Stroudsburg: ACL , 2017: 1470-1480.

[73]Pan S J, Tsang I W, Kwok J T, et al. Domain adaptation via transfer component analysis[J]. IEEE Transactions on Neural Networks, 2010, 22 ( 2 ): 199-210.

[74]Pei Z, Cao Z, Long M, et al. Multi-adversarial domain adaptation[C]// Proceedings of the AAAI Conference on Artificial Intelligence. 2018, 32 ( 1 ) .

[75]Peng N Y, Dredze M. Named entity recognition for Chinese social media with jointly trained embeddings[C]//Proceedings of the 2015 Conference on Empirical Methods in Natural Language Processing, Lisbon, Sep17-21, 2015. Stroudsburg: ACL, 2015: 548-554.

[76]Pennington J, Socher R, Manning C. Glove: Global vectors for word representation[C]. Proceedings of the 2014 conference on empirical methods in natural language processing( EMNLP ), 2014: 1532-1543.

[77]Puyang Xu, Ruhi Sarikaya. Exploiting Shared Information for Multi-intent Natural Language Sentence Classification[C]//In Proceedings of the 14th

Annual Conference of the International Speech Communication Association，Lyon，France，August 25-29，2013. ISCA，2013：3785-3789.

[78]Radford A，Narasimhan K，Salimans T，et al.Improving language understanding with unsupervised learning[J]. Technical report，OpenAI，2018.

[79]Ramanand J，Bhavsa R K，Pedaneka R N. Wishful thinking：finding suggestions and 'buy' wishes from product reviews[C]//In：Proceedings of the NAACL HLT 2010 Workshop on Computational Approaches to Analysis and Generation of Emotion in Text，Stroudsburg，PA：Association for Computational Linguistics，2010：54-61.

[80]Ravuri S，Stolcke A. A comparative study of recurrent neural network models for lexical domain classification[C]//In：Processing of the 41st IEEE International Conference on Acoustics，Speech and Signal Processing，Shanghai，China，March 20-25，2016：6075-6079.

[81]Reimers N，Gurevych I. Reporting score distributions makes a difference：Performance study of lstm-networks for sequence tagging[J]. EMNLP，2017：338–348.

[82]Renkens，V.，van Hamme，H. Capsule Networks for Low Resource Spoken Language Understanding[C]// In：Processing of the 19th Annual Conference of the International Speech Communication on Association，Hyderabad，India，September 2-6，2018. ISCA，2018：601-605.

[83]Sabour S，Frosst N，Hinton G E. Dynamic routing between capsules[C]//In Advances in Neural Information Processing Systems 30：Annual Conference on Neural Information Processing System 2017，USA，December 4-9，2017. Long Beach，CA. 2017：3859–3869.

[84]Sarikaya R，Hinton G E，Ramabhadran B. Deep belief nets for natural language call-routing[C]//In：Proceedings of the {IEEE} International Conference on Acoustics，Speech，and Signal Processing，Prague Congress Center，Prague，Czech Republic，May 22-27，2011：5680-5683.

[85]Schapire R E，Singer Y. BoosTexter：A boosting-based system for text categorization[J]. Machine Learning，2000，39（2-3）：135-168.

[86]T Mikolov, K Chen, G Corrado, et al. Efficient Estimation of Word Representations in Vector Space[C]// In: Processing of the 1st International Conference on Learning Representations, Scottsdale, Arizona, USA, May 2-4, 2013. Computer Science, 2013.

[87]Tan C Q, Sun F C, Tao K, et al.A survey of deep transfer learning[C]// Proceedings of the 27th International Conference on Artificial Neural Networks, Rhodes, Oct 4-7, 2018: 270-279.

[88]Tsoumakas G, Dimou A, Spyromitros E, Mezaris V, Kompatsiaris I, Vlahavas I. Correlation based pruning of stacked binary relevance models for multi-label learning[C]//In: Proceedings of the 1st international workshop on learning from multi-label data. 2009: 101 - 116.

[89]Tsoumakas G, Katakis I, Vlahavas I. Mining multi-label data[C]// In: Maimon O, Rokach L ( eds ) Data mining and knowledge discovery handbook, 2 nd ed. Springer, Berlin, 2010: 667 - 685.

[90]Tsoumakas G, Katakis I. Multi-label classification: An overview[J]. Int J Data Warehous Min ( IJDWM ) . 2007, 3 ( 3 ): 1 - 13.

[91]Tsoumakas G, Vlahavas I. Random k-labelsets: An ensemble method for multilabel classification[C]// In: Proceedings of the 18th European conference on machine learning. Warsaw, Poland, September 17-21, 2007. Springer Berlin Heidelberg, 2007: 406 - 417.

[92]Tur G, Deng L, HakkaniTür, Dilek, et al. Towards deeper understanding: Deep convex networks for semantic utterance classification[C]// In: Processing of International Conference on Acoustics, Speech, and Signal Processing, Kyoto, Japan, March 25-30, 2012: 5045-5048.

[93]Tzeng E, Hoffman J, Darrell T, et al. Simultaneous deep transfer across domains and tasks[C]//Proceedings of the 2015 IEEE International Conference on Computer Vision, Santiago, Dec 7-13, 2015. Piscataway: IEEE, 2015: 173-187.

[94]Tzeng E, Hoffman J, Saenko K, et al. Adversarial discriminative domain adaptation[C]//Proceedings of the 2017 IEEE International Conference on Data

Engineering，San Diego，Apr 19–22，2017：4.

[95]V. Renkens，S. Janssens，B. Ons，et al. Acquisition of ordinal words using weakly supervised nmf[C]// In Spoken Language Technology Workshop （SLT），USA，December 7–10，2014. IEEE，2014：30－35.

[96]Wang Peng，Xu Jiaming，Xu Bo，et al. Semantic clustering and convolutional neural network for short text categorization[C]// In：Proceedings of the 53rd Annual Meeting of the Association for Computational Linguistics and the 7th International Joint Conference on Natural Language Processing of the Asian Federation of Natural Language Processing，Beijing，China，July 26–31，2015. Association for Computer Linguistics，2015：352–357.

[97]Wang T，Huan J，Zhu M. Instance- based deep transfer learning[J]. arXiv：1809.02776，2019.

[98]Wang Y，Huang J，He T，et al. Dialogue intent classification with character–CNN–BGRU networks[J]. Multimedia Tools and Applications，2020，79（7）：4553–4572.

[99]Wang Z H，Qu Y R，Shen L H，et al. Label–aware double transfer learning for cross specialty medical named entity recognition[C]//Proceedings of the 2018 Conference of the North American Chapter of the Association for Computational Linguistics：Human Language Technologies，New Orleans，Jun 1–6，2018.Stroudsburg：ACL，2018：1–15.

[100]Weiss K，Khoshgoftaar T，Wang D D，et al. A survey of transfer learning[J]. Journal of Big Data，2016，3（1）：9.

[101]White A R. How to do things with words[J]. Analysis，1963，23（1）：58–64.

[102]Wu L Y，Fisch A，Chopra S，et al. Starspace：embed all the things![C]//Thirty–Second AAAI Conference on Artificial Intelligence，arXiv：1709.03856，2018.

[103]Xia Congying，Zhang Chenwei，Yan Chenwei，et al. Zero–shot User Intent Detection via Capsule Neural Networks[C]// In：Proceedings of the 2018 Conference on Empirical Methods in Natural Language Processing，Brussels，

Belgium, October 31 - November 4, 2018. Association for Computational Linguistics, 2018: 3090- 3099.

[104]Xia Congying, Zhang Chenwei, Yan Chenwei, et al. Zero-shot User Intent Detection via Capsule Neural Networks[C]// In: Proceedings of the 2018 Conference on Empirical Methods in Natural Language Processing, Brussels, Belgium, October 31 - November 4, 2018. Association for Computational Linguistics, 2018: 3090-3099.

[105]Yadav V, Bethard S. A survey on recent advances in named entity recognition from deep learning models[C]// Proceedings of the 27th International Conference on Computational Linguistics, Santa Fe, Aug20-26, 2018. Stroudsburg: ACL, 2018: 2145-2158.

[106]Yang H Y, Huang S J, Dai X Y, et al. Fine-grained knowledge fusion for sequence labeling domain adaptation[C]//Proceedings of the 2019 Conference on Empirical Methods in Natural Language Processing and the 9th International Joint Conference on Natural Language Processing, Hong Kong, China, Nov 3-7, 2019.Stroudsburg: ACL, 2019: 4195-4204.

[107]Yang Z L, Salakhutdinov R, Cohen W W, et al. Transfer learning for sequence tagging with hierarchical recurrent networks[C]//Proceedings of the5th International Conference on Learning Representations, Toulon, Apr 24-26, 2017: 1-10.

[108]Yao L, Mao C S, Luo Y, et al. Graph convolutional networks for text classification[C]//Proceedings of the 2019 AAAI Conference on Artificial Intelligence, Hilton Hawaiian Village, Jan 27-Feb 1, 2019: 7370-7377.

[109]Yarowsky D, Ngai G, Wicentowski R. Inducing multilingual text analysis tools via robust projection across aligned corpora[C]//Proceedings of the 1st International Conference on Human Language Technology Research, San Diego, Mar 18-21, 2001.San Francisco: Morgan Kaufmann Publishers Inc, 2001: 1-8.

[110]Yoon Kim. Convolutional Neural Networks for Sentence Classification[C]// EMNLP: 2014 Conference on Empirical Methods in Natural Language Processing, October 25 - 29, 2014.

[111]Zellinger W, Grubinger T, Lughofer E, et al. Central moment discrepancy（cmd）for domain-invariant representation learning[J]. arXiv preprint arXiv: 1702.08811, 2017.

[112]Zhang M, Zhou Z. A Review on Multi-Label Learning Algorithms[J]. Knowledge & Data Engineering IEEE Transactions on, 2014, 26（8）: 1819-1837.

[113]Zhang Weinan, Chen Zhigang, Che Wanxiang, et al. The First Evaluation of Chinese Human-Computer Dialogue Technology[J]. Computer Science, 2017（9）: 1-5.

[114]Zhang Z Y, Han X, Liu Z Y, et al.ERNIE: Enhanced Language Representation with Informative Entities[J].arXiv preprint arXiv: 1905.07129, 2019.

[115]Zhao Wei, Ye Jianbo, Yang Min, et al. Investigating Capsule Networks with Dynamic Routing for Text Classification[C]// In: Proceedings of the 2018 Conference on Empirical Methods in Natural Language Processing, Brussels, Belgium, October 31-November 4, 2018. Association for Computational Linguistics, 2018: 3110- 3119.

[116]Zhou J T, Zhang H, Jin D, et al. Dual adversarial neural transfer for low-resource named entity recognition[C]//Proceedings of the 57th Conference of the Association for Computational Linguistics, Florence, Jul 28- Aug 2, 2019. Stroudsburg: ACL, 2019: 3461-3471.

[117]Zhu Y, Zhuang F, Wang J, et al. Deep subdomain adaptation network for image classification[J]. IEEE transactions on neural networks and learning systems, 2020.

[118]Zhuang F Z, Qi Z Y, Duan K Y, et al. A comprehensive survey on transfer learning[J]. arXiv: 1911.02685, 2019.

[119]Zirikly A, Hagiwara M. Cross-lingual transfer of named entity recognizers without parallel corpora[C]//Proceedings of the 53rd Annual Meeting of the Association for Computational Linguistics and the 7th International Joint Conference on Natural Language Processing of the Asian Federation of Natural

Language Processing，Beijing，Jul 26–31，2015.Stroudsburg：ACL，2015：390–396.

[120]陈浩辰.基于微博的消费意图挖掘[D].哈尔滨：哈尔滨工业大学，2014.

[121]陈昊.金融知识图谱构建关键技术研究与原型实现[D].成都：电子科技大学，2020.

[122]程艳芳.基于优化选择的抽取式自动文本摘要研究[D].长春：吉林大学，2020.

[123]付子健.面向科技领域多源异构数据的本体重构与映射[D].石家庄：石家庄铁道大学，2020.

[124]郭云雪.基于深度学习的人机对话中短文本意图识别[D].哈尔滨理工大学，2020.

[125]侯伟光.面向任务型人机对话系统自然语言理解关键技术研究[D].杭州：浙江工商大学，2020.

[126]胡均毅.文本的分层表示及情感分类方法研究[D].合肥：中国科学技术大学，2019.

[127]胡可奇.基于深度学习的短文本分类研究[D].成都：电子科技大学，2018.

[128]黄佳伟.人机对话系统中用户意图分类方法研究[D].武汉：华中师范大学，2018.

[129]贾俊华.一种基于AdaBoost和SVM的短文本分类模型[D].天津：河北工业大学，2016.

[130]靳婷.任务型对话系统中语义理解的应用研究[D].杭州：浙江大学，2020.

[131]李兵.基于特征迁移的跨语言情感分析技术研究[D].河北工业大学，2016.

[132]李岚欣.面向自然语言处理的注意力机制研究[D].北京：北京邮电大学，2019.

[133]刘世柯.基于神经网络的中文词表示方法研究[D].大连：大连理工大学，2014.

[134]毛潇锋.基于对抗学习的深度视觉域适应方法研究[D].哈尔滨工程大学，2019.

[135]钱岳.聊天机器人中用户出行消费意图识别方法研究[D].哈尔滨：哈尔滨工业大学，2017.

[136]王楠禔.基于BERT改进的文本表示模型研究[D].重庆：西南大学，2019.

[137]吴燕如.藏文现代印刷物版面检测技术研究[D].拉萨：西藏大学，2020.

[138]徐晓璐.基于深度学习的多标签短文本分类方法研究[D].桂林：桂林电子科技大学，2019.

[139]岳芸.电商客服自动问答系统的商品意图识别[D].江门：五邑大学，2016.

[140]赵燕娇.基于深度学习的跨域情感分类算法的研究与实现[D].北京邮电大学，2019.

[141]安明慧，沈忱林，李寿山等.基于联合学习的问答情感分类方法[J].中文信息学报，2019，33（10）：119–126.

[142]迟海洋，严馨，徐广义等.融合主题信息和Transformer模型的健康问句意图分类[J].小型微型计算机系统，2021，42（12）：2519–2524.

[143]丁龙，文雯，林强.基于预训练BERT字嵌入模型的领域实体识别[J].情报工程，2019，5（06）：65–74.

[144]侯丽仙，李艳玲，李成城.面向任务口语理解研究现状综述[J].计算机工程与应用，2019，55（11）：7–15.

[145]侯丽仙，李艳玲，林民等.融合多约束条件的意图和语义槽填充联合识别[J].计算机科学与探索，2020，14（09）：1545–1553.

[146]胡春涛，秦锦康，陈静梅，张亮.基于BERT模型的舆情分类应用研究[J].网络安全技术与应用，2019（11）：41–44.

[147]贾云龙，韩东红，林海原等.面向微博用户的消费意图识别算法[J].北京大学学报（自然科学版），2020（1）：68–74.

[148]李艳玲，颜永红.统计中文口语理解执行策略的研究[J].计算机科学与探索，2017，11（6）：980–987.

[149]李艳玲，颜永红.中文口语理解弱监督训练方法[J].计算机应用，2015，35（7）：1965-1968.

[150]林悦，钱铁云.基于胶囊网络的跨领域情感分类方法[J].南京信息工程大学学报（自然科学版），2019，11（3）：286-294.

[151]刘娇，李艳玲，林民.胶囊网络用于短文本多意图识别的研究[J].计算机科学与探索，2020，14（10）：1735-1743.

[152]刘娇，李艳玲，林民.人机对话系统中意图识别方法综述[J].计算机工程与应用，2019，55（12）：1-7.

[153]马月坤，刘鑫，裴嘉诚，秦帅波.基于BERT的中文关系抽取方法[J].计算机产品与流通，2019，2019（12）：251+272.

[154]邱宁佳，王晓霞，王鹏等.结合迁移学习模型的卷积神经网络算法研究[J].计算机工程与应用，2020，56（5）：43-48.

[155]孙鑫，王厚峰.问答中的问句意图识别和约束条件分析[J].中文信息学报，2017，31（06）：132-139.

[156]唐国豪.分布式词向量研究和实现[J].电子制作，2021（02）：85-87.

[157]王立伟，李吉明，周国民等.深度迁移学习在高光谱图像分类中的运用[J].计算机工程与应用，2019，55（5）：181-186.

[158]王孝顺，陈丹，丘海斌.最小二乘迁移生成对抗网络[J].计算机工程与应用，2019，55（14）：24-3.

[159]王月，王孟轩，张胜，杜渃.基于BERT的警情文本命名实体识别[J].计算机应用，2019，2019（11）：1-7.

[160]吴彦文，李斌，孙晨辉等.基于迁移学习的领域自适应推荐方法研究[J].计算机工程与应用，2019，55（13）：59-65.

[161]徐菲菲，冯东升.文本词向量与预训练语言模型研究[J].上海电力大学学报，2020，36（04）：320-328.

[162]杨春妮，冯朝胜.结合句法特征和卷积神经网络的多意图识别模型[J].计算机应用，2018，38（7）：1839-1845+1852

[163]杨国峰，杨勇.基于BERT的常见作物病害问答系统问句分类[J].计算机应用，2020，40（06）：1580-1586.

[164]杨巨成，韩书杰，毛磊.胶囊网络模型综述[J].山东大学学报（工学

版），2019，49（5）：1-8.

[165]杨志明，王来奇，王泳.基于双通道卷积神经网络的问句意图分类研究[J].中文信息学报，2019，33（5）：122-131.

[166]杨志明，王来奇，王泳.深度学习算法在问句意图分类中的应用研究[J].计算机工程与应用，2019，55（10）：154-160.

[167]叶铱雷，曹斌，范菁等.面向任务型多轮对话的粗粒度意图识别方法[J].小型微型计算机系统，2020，41（08）：1620-1626.

[168]余本功，范招娣.面向自然语言处理的条件随机场模型研究综述[J].信息资源管理学报，2020，10（05）：96-111.

[169]余慧，冯旭鹏，刘利军等.聊天机器人中用户就医意图识别方法[J].计算机应用，2018，38（8）：2170-2174.

[170]张家培，李舟军.Q2SM：基于BERT的多领域任务型对话系统状态跟踪算法[J].中文信息学报，2020，34（07）：89-95.

[171]张伟男，张杨子，刘挺.对话系统评价方法综述[J].中国科学：信息科学，2017，47（08）：953-966.

[172]赵鹏飞，李艳玲，林民.面向迁移学习的意图识别研究进展[J].计算机科学与探索，2020，14（08）：1261-1274.

[173]朱艳辉，李飞，冀相冰等.反馈式K近邻语义迁移学习的领域命名实体识别[J].智能系统学报，2019，14（04）：820-830.

[174]朱应钊，胡颖茂，李嫚.胶囊网络技术及发展趋势[J].广东通信技术，2018，38（10）：51-54+74.

[175]李德玉，罗锋，王素格.融合CNN和标签特征的中文文本情绪多标签分类[J].山西大学学报（自然科学版），2020，43（01）：65-71.

[176]刘心惠，陈文实，周爱等.基于联合模型的多标签文本分类研究[J].计算机工程与应用，2020，56（14）：111-117.

[177]牟甲鹏，蔡剑，余孟池等.基于标签相关性的类属属性多标签分类算法[J].计算机应用研究，2020，37（09）：2656-2658+2673.